U0956828

含氧量°

让阅读像呼吸一样自然

THE PSYCHOLOGY OF SCIENCE

月亮是中立的吗

——科学心理学

[美] 亚伯拉罕·马斯洛 著 | 郁雯 译

古吴轩出版社

图书在版编目（CIP）数据

月亮是中立的吗：科学心理学 /（美）亚伯拉罕·马斯洛著；郁雯译. — 苏州：古吴轩出版社，2022.1
ISBN 978-7-5546-1819-6

Ⅰ. ①月… Ⅱ. ①亚… ②郁… Ⅲ. ①心理学—通俗读物 Ⅳ. ① B84-49

中国版本图书馆 CIP 数据核字（2021）第 203848 号

责任编辑： 李　倩
见习编辑： 沈　玥
策　　划： 马乙鑫
装帧设计： ONE → ONE Design Studio

书　　名： 月亮是中立的吗——科学心理学
著　　者：［美］亚伯拉罕·马斯洛
译　　者： 郁　雯
出版发行： 古吴轩出版社
地址：苏州市八达街 118 号苏州新闻大厦 30F　邮编：215123
电话：0512-65233679　传真：0512-65220750
出 版 人： 尹剑峰
印　　刷： 无锡市证券印刷有限公司
开　　本： 880 × 1240　1/32
印　　张： 6
字　　数： 126 千字
版　　次： 2022 年 1 月第 1 版　第 1 次印刷
书　　号： ISBN 978-7-5546-1819-6
定　　价： 48.00 元

前言

本书聚焦于科学，将科学视作科学家人之本性的产物。这里所说的科学家不只包括审慎、墨守成规的那些，也包括果敢、掀起地覆天翻的革命的那些。这一意义上的科学，与心理上健康的科学家们生产出的科学，在一定程度上有所重合。本文集——尤其是集中论述科学、科学家心理特征的前三章——可被视作拙作《动机与人格》（*Motivation and Personality*）的续篇。

从这一方法中得出的一大基本论点是：当我们试图认识、理解无论作为个体还是整体的人与文化时，我们普遍的科学模式，即从关注物体、对象、动物及部分过程的那些非人格化（impersonal）科学领域中继承而来的科学模式，是贫乏而有局限的。我们的世界观及其中名为“科学”的亚文化（包括其一切目标、方法、公理性的价值、概念、语言、习俗、选择性的盲视与隐含的预设），主要是由物理学家与天文学家们创造的，这一点已是老生常谈，几乎成了自明之理。但是，直到最近我们才明确地看到，这一非人格化的模式究竟是如何，在何处辜负了那些人性的、独特的、整全的事物，尚且没人提出替代模式，以妥当地对待具有充分人性的人。

我将在本书中尝试弥补这一空缺。我希望表明经典科学的这些局限性并非是其不可分割的本质。从广义上说，我们可以将科学的定义扩展得足够强大，兼容并包，将科学曾因其隐藏着的致命缺陷——即它无法以非人格化的方式应对蕴含人性的问题，应对关乎价值、个体性、意识、美、超验、伦理的问题——而不得不放弃的许多认知问题，重新纳入科学的领地。至少在原则上，科学应当能够产生出针对精神疗法、个人发展、优心态（eupsychian）[①]或乌托邦社会心理学、宗教、工作、游憩、闲暇、审美、经济、政治的规范心理学——或许还有更多，谁知道呢？

我将这一科学本质的嬗变设想为精神分析运动之革命性潜能的最终实现。这一实现被延后了，恰恰是因为弗洛伊德的成长过程伴随着19世纪的科学观，其深受决定论、因果性、原子论、化约法等教条的浸染。即便弗洛伊德在不自知的情况下，穷其一生致力于撼动——甚至可以说是摧毁这一科学观的根基，及其周遭的诸种理性主义，然而，至少就我所知，他依然是这一世界观的忠实拥趸。不幸的

① 马斯洛创造的术语，由希腊语词根“eu-”（好）与“psyche”（灵魂）组成，意为“心灵的改良”；相对于后文的“乌托邦”，它是一种切实可行的改善。（本书脚注除特殊标明外，均为译者注。）

是，其他对现代心理动力学（psychodynamics）的发展起到关键作用的人物——阿德勒①、荣格②、赖希③、兰克④、霍尔奈⑤、弗洛姆⑥——尽数不是科学家，因此他们都未直接探讨这一问题。我能想到的唯一严肃地以之为己任的精神分析学家是劳伦斯·库比（Lawrence Kubie）。我非常期望其他精神分析学家以及心理动力学家⑦能继续从他们所积累的数据⑧出发批判科学。我记得自己有一次在会议上恼羞成怒地发问："你为什么要不断地问精神分析是否足够科学？为什么不问科学是否足够心理动力学呢？"我在此发出同样的诘问。

---

① 阿尔弗雷德·阿德勒（Alfred Adler，1870—1937），奥地利精神病学家，个体心理学派创始人。

② 卡尔·荣格（Carl Jung，1875—1961），瑞士心理学家，创立了人格分析心理学理论。

③ 威廉·赖希（Wilhelm Reich，1897—1957），奥地利精神分析学家。

④ 奥托·兰克（Otto Rank，1884—1939），奥地利心理学家，曾与弗洛伊德亲密共事 20 年。

⑤ 卡伦·霍尔奈（Karen Horney，1885—1952），德裔美国心理学家、精神病学家，社会心理学的最早倡导者之一。

⑥ 埃里希·弗洛姆（Erich Fromm，1900-1980），德裔美国人本主义哲学家、精神分析学家，精神分析社会学的奠基者之一。

⑦ 虽然"心理动力学"在某些语境下可以用作"精神分析学"的同义词，但当两者并置，前者的含义更为宽泛，包括各种吸纳了弗洛伊德学说的心理理论与精神治疗方法，后者则聚焦于对无意识、梦境的解析。

⑧ 此处"数据"泛指被假设为事实、亟待理论解释的原始信息。

这一将科学再人化（rehumanizing），并超人化（trans-humanizing）的过程，也会让那些不以人为对象的科学变得更强大。在生物学的诸多领域，尤其是实验胚胎学，这样的变革已悄然发生。脱胎于事实本身的内在动态过程，实验胚胎学已经具有了更高的整体性，路德维希·冯·贝塔朗菲（Ludwig Von Bertalanffy）[①]的著述便是有力的例证。心身医学（psychosomatic medicine）这一混合领域也是对传统科学的深刻批判，当然，还有内分泌学。我相信整个生物学将最终从纯粹的生物还原法中解脱出来，或至少以一种兼收并蓄的方式超越化约法，嬗变为一个跨层级的整合体。

只有当我开始对人类本性的更高境界提出全新的问题时，我对经典科学的不满才真正爆发。自那时起，我才开始对“哺育”了我的经典科学模式大失所望。自那时起，为了妥善处理手头的数据，我不得不为其量身定做新的方法、概念和词语。在此之前，我眼中从来只有一种科学，别无其他。在此之后，我似乎看到了两种科学：一种用来解决我的新问题，另一种则覆盖其余一切。然而，近来，也许在十到十五年前，这两种“科学”之间的隔阂似乎又消融了，二者合为一体。不过，这一新科学有着崭新的面貌。它承诺比之前那种垄断性的科学更包容、更强大。

---

① 美籍奥地利裔生物学家和哲学家，一般系统论创始人。

那些有“洁癖”的科学家否认科学中的人性价值，并因此不辨黑白地将一切科学都转化为技术。这固然让我担忧，然而与之同样危险的还有某些正统（orthodox）科学的批评者，他们认为正统科学容易引致怀疑论，而且太冷漠、丧失人性，便将科学视作对人类的威胁，整体加以拒斥。他们变得反科学，甚至反智。在某些心理治疗师与临床心理学家、艺术家、虔诚的宗教信徒，以及对禅学、道教、存在主义等学说感兴趣的人身上，都存在真实的隐患。他们拒斥科学，却往往转而投身于彻头彻尾的歪理邪说，不加反思、自私地对纯粹的个体经验大肆颂扬，过度依赖冲动（他们将其与自发性相混淆），充满奇思怪想且被情绪左右，被不容置疑的热情淹没，最终变成自恋狂，陷入唯我论的深渊。我绝非是在危言耸听。就政治领域而言，与价值无涉、非道德、技术化了的科学一样，反科学也可以轻松地将人类赶尽杀绝。

我们不能忘记纳粹、法西斯主义者是如何响应血性与纯粹本能的号召，又是怎样敌视自由探索的知识分子与冷静的理性。

我当然希望读者将这本书视作扩展科学，而非摧毁科学的努力。体验和抽象不是非此即彼的选项。我们的任务是要将二者整合起来。本书行文散漫是遵循了讲座的风格。在讲座中，演讲者可以彰显个人色彩，援引亲身经历的实例，表达自己的见解、怀疑和揣测。我在本书中充分利用了这些可能性。出于同样的理由，我没有将论题组织得层序分明，也没有详细陈列所引述的科学资料。我也无意将本书写成一部“通论”，或一部全面而系统性的学术作品。

我的确曾打算写一本更有条理、巨细靡遗的作品，却最终作罢，于是便有了这本精简的小书。部分原因在于，讲座的形式对我施加了空间与时间的限制；另一部分原因在于，我刚打好成体系的提纲，着手写作，便发现了迈克尔·波兰尼[①]的巨著《个人知识》(*Personal Knowledge*)。这部不可不读的深刻作品，已经达成了我计划中的许多目标，也解决了许多困扰着我的问题。因此，我改弦易辙，决心专注于一部分与心理学直接相关的问题，而对原计划中的其他几个话题仅做简要探讨，或干脆略去。

① 迈克尔·波兰尼(Michael Polanyi，1891—1976)，英籍犹太裔科学家、哲学家。《个人知识》所强调的知识的默会性，标志着对传统认识论的背离。

致 谢

我已在过往几本拙著的前言中向多位智慧、学识上的良师益友表达过感谢之情，烦请读者移步参考。此外，容我补充如下致谢：

我与好友兼合作者，精神分析学家哈里·兰德（Harry Rand）医生合作进行了一项非同寻常的实验。多年来，我们两人经常探讨知识分子与科学家生活、学习与教学，以及他们病态时的精神动力机制。我们的谈话时常触及本书中的诸多话题，从中受到的启迪是我自己都无法估量的。更具体说来，大概一年前，在筹备本书手稿期间，我前所未有地同时遭遇了长期失眠和写作瓶颈的魔咒。虽然人们从来都认为友谊是精神分析工作的障碍，但我们决定尝试一下。很高兴地告诉大家，经过30小时左右的“智性精神分析”（暂且这样称呼吧），我仿佛脱胎换骨。我们推荐大家也尝试这一极为有趣的实验，积累经验，说不准有朝一日能促成一项相对正常、普遍化的研究。蒙此恩惠，我对兰德医生感激不尽。

在被我称为“科学心理学”，并与科学哲学多有重合的这一领域内，有许多使我受益良多的作品。读者可参考书后的参考文献[①]，虽然这一罗列并非完整。不过，在这些良师益友之间，我还需要特别感谢波兰尼，以及如下诸位。

纯属偶然，我在多年前读到了大卫·林赛·沃森（David Lindsay Watson）的作品。他离经叛道的姿态深深影响了我。和许多先驱一样，他并未受到应得的欣赏、赞誉，甚至是注意。假如你对我这本书感兴趣，那么沃森的作品也一定不会让你失望。我在此强烈推荐。

安妮·罗伊（Anne Roe）的开创性研究，以及近来以之为基础的后续研究，都让我受益匪浅。我很后悔没能在本书中另辟一章探讨她的作品以及更晚近的同类型研究。

雅各布·布罗诺夫斯基（Jacob Bronowski）的作品对我的影响尤为深刻。弗兰克·曼纽尔（Frank Manuel）对艾萨克·牛顿的研究，以及我们以之为题的讨论，也让我获益良多。这些讨论的影响在本书最后一章的某些段落，尤其是关乎良性的怀疑态度的一节中，有最明显的体现。诺思罗普（F.S.C.Northrop）的《当东西方相遇》（*The Meeting of East and West*）对我的思考有重要的指导作用。托马斯·库恩（Thomas Kuhn）的专著《科学革命的结构》

---

① 考虑到这些参考文献年代久远，国内读者不便查阅，本译著中并未列出。

（*The Structure of Scientific Revolutions*）亦然。与阿道司·赫胥黎（Aldous Huxley）的交流，还有他的作品，也让我学到很多。

本书初稿频繁提及、引用《心灵》（*Manas*）刊登的文章，然而我最终删除了它们。谨在此笼统地感谢这一杰出人文期刊对我的教益。

最后，感谢艾丽斯·达菲（Alice Duffy）夫人专业的打字工作，让我的手稿得以最终付梓。

亚伯拉罕·H. 马斯洛

布兰迪斯大学

马萨诸塞州

沃尔瑟姆

1966年2月

目录
CONTENTS

第一章

机械论科学与人本主义科学

本书将不会在正统科学的框架内展开论证；反之，它是（以哥德尔的方式）对正统科学及其根基，其未经证实的信条，其被认为理所当然的定义、公理与概念的批判。它将科学视作一类与其他哲学平起平坐的知识哲学而加以检验。它拒绝这一根深蒂固却未经检验的信念，即正统科学是通往知识之路，甚至是唯一可靠的路。我认为，这一传统观点在哲学、历史、心理和社会学方面看来都过于天真。作为一种哲学学说，正统科学是种族中心主义的，是西方的，而非普遍的。它意识不到自身是特定时期、地区的产物，而非永恒不变、颠扑不破的真理。它不仅与时间、地点以及地方文化相关，而且其相对性是内在于其性格的。我认为，它反映了一种以追求安全感为中心的过度审慎、近乎痴迷的狭隘世界观，而非一种更为成熟的，具有普遍人性、兼容并包的人生观。在心理学领域中，这些弱点变得尤为刺眼，因为心理学的目标是认识人类、认识人们的行为与活动。

尽管许多伟大的科学家得以避免这些错误，他们笔耕不辍，倡导一种更包容的科学观，即科学近乎是一切知识的同义词，而非仅包括以“体面”手段获得的知识，但他们的观点却没有成为主流。正如托马斯·库恩（T. S. Kuhn）表明，“常态科学”（normal science）的样式的建筑者并非科学界的“雄鹰”——奠立范式者、发现者、革命者，而是为数众多的“常态科学家”。他们如微小的海洋生物，齐力共建珊瑚礁。正是这一类科学已成为耐心、审慎、细致、缓慢、不犯错的艺术的代名词，而与勇气、果敢、冒险、孤注一掷、破釜沉舟的韬略渐行渐远。换言之：在我看来，我们正统的科学观念——科学是机械的、非人的——似乎是对一类更宽广而全面的机械论、非人化（dehumanization）的世界观的局部体现或表达。[弗洛伊德·马特森（Floyd Matson）的著作《破碎的图景》（*Broken Image*）前三章对这一发展有详细而精妙的阐述。]

不过，在20世纪，尤其是最后一二十年间，一种反哲学迅速发展，同时，对机械、非人化的人类、世界观的反叛也蔚然成风。我们可以说，这是对人以及属人的能力、需求与渴望的再发现。这些基于人性的价值也正被政治、工业、宗教以及心理学、社会科学领域重新吸纳。以我之言，虽然对植物、岩石、动物的非人化是必要、有益的，但是我们愈发强烈地意识到，将人类非人化，否认人类的目的绝非必要。

然而，正如马特森指出，甚至在关注客观事物、与人无关的科学领域也产生了再人化（rehumanization）的趋势。这一改变是一种更宽广、全面、人本主义的世界观的一部分。此时此刻，这两大哲学取向，即机械论的与人本主义的，如某种物种层面的两党派体系般共存着。①

① 这并不意味着“再人化”必然是世界观的终极形态。即使在再人化尚未确立时，一种超越它的世界观已开始显现。之后我将谈及无私地超越个人的价值与现实，如人性、自我实现、本真性与个体认同的高级层面——在这一层面上，个人成为世界的一部分，而非其中心。（原注）

我将我为自己（更重要的是为心理学领域）将科学与知识再人化的努力视为这一更宏大的社会、智识发展的一部分。它当然契合了我们的时代精神，如拜尔陶隆菲在 1949 年表明：科学革命不是在智识真空中的运动；反之，它既是历史进程的表达，也是历史进程的驱动力。我们已经看到，机械论的思维方式是如何（将自己）投射到文化活动的方方面面的。它的基本观念包括严格的因果性、自然事件的总结与随机性质，还有现实之终极元素的冷漠、疏离。这些观念不仅统治了物理理论，也主宰着生物学分析性、总结性、机器－理论性的视角，经典心理学的原子论，以及社会科学界所有人对所有人的战争。承认生命体不过是机器，任由现代世界被科技掌控，以及人类的机械化，不过是机械论物理观的延伸与实际应用罢了。近来的科学革命表明了我们知识结构的普遍嬗变，而这一变化或许与人类思想史的那些伟大革命同等重要。

请允许我引用自己的文献（1943）以重申这一观点：

> ……（心理学）对基础数据的追求本身反映了一种完整的世界观，一种以原子化世界为假设的科学哲学——在这个世界中，一切复杂物体都由简单元素构成。对这样一位科学家而言，首要的任务是将所谓复杂的化约为所谓简单的。这项任务要求分析，要求一层层抽丝剥茧，直到露出不可化约的基本元素。这项任务在其他科学领域硕果累累，至少在一定时期内如此，在心理学界则不然。

这一结论揭示了整个化约事业的理论本性。必须明白，这项任务并不具有所有科学的普遍本质。它只不过反映或暗示了科学蕴含着一种原子论的、机械论的世界观，而我们如今有充分的理由去质疑这一世界观。因此，攻击这种化约取向并不意味着对科学的普遍批判，而应是对一种对于科学的可能态度的批判。

还有，在同一篇论文中：

> 对事物抽象化、诉诸化约元素的刻意习惯已经行之有效，而且由于积习难改，一旦有人否认这些习惯在经验上或现象上的效度，抽象派与化约派的反应便是瞠目结舌、难以置信。通过"温水煮青蛙"的逐步过程，他们终于说服自己，世界实际上就是如此构成的。此外他们发现，若是遗忘这一有用的方法其实也是刻意的、因循的、假设性的，能获得内心的宽慰——一言概之，他们忘了这是一个强加于一切皆变、交互连通的世界的人造系统。这一对世界的特殊假设有权违抗、轻视我们的常识，但仅在其便利性得以彰显的情况下。若它们不再便利或带来阻碍，就必须被抛弃。将我们人为加诸世界的东西看成是真实所在，是危险的做法。直截了当地说——原子论的数学或逻辑，在一定意义上，是一种关于世界的理论，心理学家可以因其对世界的描述无法服务于他的目的，而拒斥任何一个理论框架。创造一个与现代科学的世界本质更为契合的逻辑与数学系统，显然是方法论思想家义不容辞的责任。

依我个人经验，经典科学的弱点在心理学、民族学领域最为昭然若揭。实际上，如果你想获得对于各个人、各种社会的知识，机械论的科学根本行不通。无论如何，本书的首要任务是在心理学的疆域内延拓科学的概念，以便科学能够更好地研究人类，尤其是充分发展、具有充分人性的个人。

我认为我并不是在裁决何为正确或错误的观点，或通过挑拨对立将任何观点驱逐出去。本书所代表的普遍的科学观、心理学观，也包含机械论的科学。我认为机械论科学（它在心理学界表现为行为主义的形式）并非不正确，而是过于狭隘、自我设限，因而无法成为一种普遍的、综合性的哲学。

F. 曼纽尔[①]认为："在他的伟大王国发展定律中，牛顿对于政治历史学的贡献除了一些不可避免的差异，与他提出运动定律（它是简单而普遍适用的）所做的贡献是相似的，尽管他认为先知但以理用象形文字描绘'四大王国'相同的历史，已经预见了他的想法。牛顿从未写就一部人的历史——在他的叙事中，人似乎算不上个体——但他书写的是国家政治历史，就像他书写天体物理历史一样。这些聚合体不是突然从非存在变为存在的，它们和物理世界的行星一样有'起源'，有创造的历史，有一个可按时序标记的在空间中的广延，而且也有终结。牛顿的编年体写作可以被称作帝国兼并的数学原理，因为其最主要关注

---

① F. 曼纽尔（F. Manuel），《作为历史学家的艾萨克·牛顿》（*Isaac Newton, Historian*）（Harvard Univ，Pr.，1963），pp.137–138.（原注）

的是地理空间在时间次序中的量；他的历史中提及的个人，虽然往往是皇家贵族，却只不过是作为路标来标注不断延展的疆土；他们没有作为个体的独特品质。他的历史的主题是一个有组织政体的地块对另一个地块的行动。其中的关键事件是孤立小单元的融合，或是量上更强大的外力对凝聚王国的摧毁。此外，牛顿的帝国整合定律放之四海皆准，无论是在中国还是埃及。”“虽然人的确时不时闯入他的历史，牛顿几乎无意识地将他们的行为归咎于简单的动机。他笔下的国王在夺取权力、开疆拓土时，是原子一般的施动者。他偶尔会更细致地审视他们，但他们无一例外地遵循着17世纪的能量守恒定律：如果一个王国处于涣散状态，它的敌人便会结盟，打它一个措手不及；皇族对积累财富、疆土的强烈欲望源于‘虚荣’等当代文学中已显陈腐的心理特征。所有的君主，无论古今，都有同样的面貌；他们只不过名号不同，在名称各异的剧场表演。他们的心理、历史特质就和阿波罗多罗斯（Apollodorus）《书库》（*Library*）中描述的人们一样贫乏。和约翰·雷（John Ray）不同，牛顿没有在自然界的复杂性与美中发现上帝荣光的证明，他几乎只在物理—天文宇宙的法则中寻找上帝的印迹。历史中蕴含的不是人的受难，而是物理—天文宇宙的定律。激发他想象的不是人眼奇迹般的构造，而是光学原理；感动他的不是人类在历史中的受难，而是君主国发展的客观原则和帝国的年代顺序。一切关乎人性的对他而言都是陌生的——至少基于他关于人类的表述可如此推断。他几乎对情感、情绪不著一字。在他的观念中，绝大多数时候，国家不过是傀儡，和天体一样是中性的；它们侵略，又反被征服；它们发展壮大，继而王国兼并——如此而已，直到罗马奋起，统治世界。”

第　二　章

获取对个人的知识，作为科学家的任务

这一世界观的嬗变需要我们对科学的态度如何转变？这些嬗变源自何处？是什么要求我们不得不注意到它们？机械论、非人化的模式为什么正让位于以人为中心的范式？

就我个人经历而言，这一不同科学世界观之间的冲撞，首先表现为同时与两种几乎毫不相干的心理学共处。当我是实验室里的实验主义者时，我安享正统科学的遗产。事实上，是约翰·布罗德斯·华森（John B. Watson）的乐观主义信条［载于《1925年的心理学》（*Psychologies of 1925*）］让我和其他许多人走进了心理学的领域。他纲领性的文字向人们承诺了一条康庄大道。我激动万分，认为进展势在必得。我相信真正作为科学的心理学终将产生——它稳固可靠，我们可以寄希望于它从一个确定性向下一个确定性稳步前进，不走回头路。它提供了一种志在解决一切问题的技巧［条件制约（conditioning）］和一种铿锵有力、易懂、易应用、保护我们免于重蹈覆辙的哲学（实证主义、客观主义）。

然而，当我作为精神治疗师、精神分析的对象、父亲、老师和学习人格特质的学生时，也就是当我面对的是完整的人时，我渐渐发现"科学的心理学"成效甚微。在这个关乎人的领域，是"精神动力学"，尤其是弗洛伊德、阿德勒的心理学理论——以当时的定义，这些理论远非"科学"

的——给予了我更多养料。

当时的心理学家们仿佛分成两个阵营，依据两组互斥的规则行事，出于不同目的说着两种不同的语言。如果心理学家对动物感兴趣，或想研究人类身上的部分或过程，他可以成为“实验、科学心理学家”。可如果你感兴趣的是完整的人，这些规则与方法则帮不上忙。

为了更好地理解这些哲学变革，我们可以比照在面对新兴的关乎人类、个人的科学问题时，两类心理学家分别表现如何。让我问你这样一系列问题：假如我想更深入地知道一个人的本质——可以是你，也可以是其他某个具体的人——采取怎样的方法才最具成效？经典科学的假设、方法和概念工具有多大用处？什么是最好的路径？技巧？认识论？交流方式？测试、测量方法？关于知识本质的先验预设？“知道”（know）[①] 这个词又是什么意思？

通则知识与殊异知识

首先，我们应该意识到对于许多科学家而言，仅仅由于这个问题是关乎某个人的，它就被判定为微不足道的或不科学的，而被弃之不顾。几乎所有科学家（关注非人的科学的那些）的实践都基于这样一个或默会，或明述的假设，即人们应该研究一类事物或事物的群体，而非单独

---

① 在不同语境中，know 所对应的中文表述可以是“知道”“认识”“了解”等，但由于作者本章的关注点是不同种类的“知识”或“知道”，后文尽量将 know 统一译为“知道”。

的事物。当然，你每次只能考察一件东西，如一只草履虫、一块石英石、一个肾脏、一位精神分裂症患者。不过，每件事物都被视为某个物种或类别的一个样本，因此是可相互替代的。即使某人对一只特定的大白鼠或一条特定的鱼做出了极其详尽的描述，一般的科学期刊也不会刊登这样一项研究。经典科学的要务是普遍化，是从所有的白鼠、鱼以及其他个体中抽象出它们的共性。[畸形学（Teratology），即对例外和“惊奇”，也就是对怪物的研究，除了能够提供对照，加深我们对胚胎学“正常”过程的了解，别无其他科学价值。]

一个样本就是一个样本，仅此而已。它不是其自身，它代表着某物。它是匿名、可丢弃的，而不是独特、必不可少的：它没有独属于自己的专名，作为一个具体实例也没有内在的价值。它的意义仅在于，它代表着自身以外的某种东西。若我说正统、教科书式的科学通常研究作为类别的事物，或可相互替换的对象，就是这个意思。物理、化学的教科书里没有个体，更不用说数学教科书了。天文学家、地质学家和生物学家有时的确会考察独特的实例，如一颗特定的行星、一次特定的地震、一颗特定的甜豌豆或一只特定的果蝇，但他们将此作为锚定点，作为典型、范例，逐步推广至一般性，以这种公认的方式提高科学性。在许多科学家看来，这是科学知识增长的唯一方向。

然而，若我们远离非人、一般化、寻求相似性的科学的中心模式，就能发现这样一些人——他们对独特、殊异、个体的实例充满好奇，有条理地探寻那些自成一格、不可相互替换、不可再现的事物——他们之中有心理学家、民族学家、生物学家、历史学家，当然，还有处在亲密人际关系中的所有人（物理学家、化学家琢磨妻子的心思所花费的精力，一定不比他们花在原子上的少）。

我最初的问题是：如果我想知道一个人，实践的最佳方式是什么？现在，让我把问题表述得更明确些。为了达成这一目的，常态物理科学（之前说过，是指人们广泛认可的所有科学——乃至于任何类型的知识——的范式）的一般程式好用吗？我的答案是：概言之，它们很糟糕。事实是，如果我不仅想了解你，而且想理解你，那么它们几乎一无是处。我明白，如果我想知道某人的人格中对我最重要的那些方面，我就必须改道，运用不同的技法，并且基于一套截然不同的关于客观性、主观性、知识的可靠性、价值与准确性的哲学假设。请容许我展开谈谈。

首先，我必须把一个人当成一个独特的个体，当成他的类别中的唯一成员。毫无疑问，有赖于我长年累月积累的常态科学的抽象心理学知识，我才能判断他大概属于人类种族的哪一类别。我心里有谱。我可以对这个人进行性格、体质、精神、人格、智商等方面的初步评估，要比25年前得心应手得多。然而，同样毋庸置疑的是，所有这些（对于定律、普遍原则、平均值的）通则知识（nomothetic knowledge），只有在能够滋养、促进我（对于这个具体个人）的殊异知识（idiographic knowledge）时，才是有用的。临床医生都知道，为了知道一个人，你最好别让自己分心，应全身心地观察、聆听，完全沉浸其中，被动一些，乐于接纳，耐心等候，而不要急躁冒进。急不可耐地测量、提问、计算、检验理论、分类、贴标签，都是无用功。如果你的大脑太忙碌，就无法很好地观察、倾听。弗洛伊德的术语“自由浮动注意”（free-floating attention）贴切地描述了这一认知他人的方式——不加干扰、通观全局、乐于接纳、不厌其烦。

如果你渴望获得关于人的知识，抽象知识、科学定律与归纳、统计表格与期望都是有用的——但前提是它们能被人性化、个人化、个体化，能聚焦于这一特定的人际关系。经典的“科学”知识能让优秀的“知人者”如虎添翼，拙劣的“知人者”有再多抽象知识也无济于事。正如有人妙语：“一个愚笨的人也有可能拥有高智商。”

整体方法

我不想妄下定论、以偏概全，但我（作为心理治疗师和人格理论学家）认识到了以下这点：如果想要深入了解作为个人的你，我就必须将你看作一个单元、一个整体。分解与化约分析这两种惯常的科学方法在非生物界屡试屡验，在次人类生物体的世界也差强人意。但是，当我追求对人的知识时，它们成了百无一用的麻烦；即使是在对人们做整体研究时，它们也有致命的缺陷。心理学家们已尝试过多种将人们分解、化约成知识的基本组件的原子论方法，希望从基本感觉碎片、刺激－反应或联想结、反射或条件反射、行为反应、因子分析的产物抑或各种测试的分数概况中构造出整体。这种种努力对于作为抽象、通则科学的心理学还有些作用，然而，没有人会认真地提议其中任何一条道路能通向研究某个奇特文化的成员，更不要说有助于了解初次见面的相亲对象了。

我不但必须整体地感知你，而且必须整体地、非化约地分析你。（空间所限，此处不赘述格式塔心理学对实验心理学的影响。请参见本书第三章。）

主观报告

迄今为止，了解人们的最佳方式是通过这样或那样的手段，让他们自己告诉我们。我们既可以直接地进行问答或自由联想（只倾听不提问），也可以间接地对媒介加以解读，如隐蔽交谈、绘画、梦境、故事、手势等。当然，这些手段不言自明，我们所有人在日常生活中都常常运用它们。但无论如何，它们引发了实实在在的科学问题。比如，有人正对我们讲述他的政治态度，可以说，只有他自己是他讲述内容的证人。若是有意，他可以轻易地蒙骗我们。这里，一定程度的信任、友善和诚实不可或缺，而其他现存的科学研究对象都无须拥有这些品质。在做主观报告时，说话者与倾听者的人际交往关系已成为不可忽略的重要影响因素之一。

天文学家、物理学家、化学家、地质学家等则无须担心这些问题，至少一开始不需要。就算把知识主体与对象之间关系的问题搁置一边，他们也可能走得很远。

感受，别干涉：道家科学

绝大部分心理学家受到的教育都告诉他们，控制实验是获取知识的典型途径。我们心理学家在跌跌撞撞中慢慢成长为沉着、冷漠的观察者，学会耐心等待、倾听，不横加干涉，克制住积极主动、冒失唐突、引导掌控的冲动，并且在理解另一个人时，学会闭上嘴巴，睁大眼睛，竖起耳朵，这一点最为重要。

这不同于我们对待物理对象所使用的方法——操纵它们，拨弄它们，拆解它们，看看会发生什么。假如你这样对待一个人，你就不会知道他们。他们不会让你知道他们。他们也不会允许你知道他们。干涉会让我们与知识渐行渐远，至少一开始如此。只有当我们已经知道很多，才可以更主动，更追根究底，更不知满足——一言蔽之，采用一种更像是在做实验的姿态。

问题中心与方法中心：追问更高的问题

就我个人而言，只有当我围绕所谓人类的“高级生活”以及相对高度演化的人类提出问题时，才开始与以方法为中心的科学家们势不两立。只要我还在行为层面上与狗、猴子打交道，着眼于学习、条件制约和动机性行为，手头的方法论工具就还是够用的。我能够合理地设计、控制这些实验，收集的数据也足够精准、可靠。

然而，当我发现自己无法应付一些难以清晰地定义、描述且让人无处下手的困难，并开始向其他研究者提问时，才真正陷入了麻烦。我发现许多科学家对自己不擅长以及难以应付的问题嗤之以鼻。在一次冲突中，我愤怒地以一句格言反唇相讥："不值得做的，也就不值得好好做。"现在我想加上后半句："需要做的，哪怕做不好也值得做。"坦白说，我想宣称的是，研究一个新问题的第一次尝试往往是笨拙的、含糊的、粗暴的。正是从这些初次尝试中，我们学会了下一次该如何改进。可我们永远无法绕开第一次。我记得有个孩子，当他知道绝大多数火车事故都出在最后一节车厢时，他建议去掉最后一节车厢以减少事故。

开端也是无法免除的。哪怕只是思考这一可能性，或渴望这样做，就已经是在否认科学精神。开拓新的领地当然令人无比振奋、心满意足，其社会效用也是无法估量的。"你必须热爱问题本身。"里尔克[①]说。对科学而言，突击队当然比军事警察更不可或缺。即便突击队总是蓬头垢面、死伤惨重，也无法改变这一事实。比尔·莫尔丁（Bill Mauldin）的战时漫画生动地展示了前线生死拼搏的战士与后方衣冠楚楚的军官之间的价值冲突。总有人是带头穿越雷区（mine fields）的人。[我第一遍写成了"穿越心灵区"（mind fields）！]

当我的精神病理学研究走向对非病理亦即心理上健康的人们的探索时，我遇到了前所未有的麻烦，其中一些关

---

① 赖内·马利亚·里尔克（Rainer Maria Rilke，1875—1926），奥地利诗人。

乎价值与规范。“健康”这个词本身就是规范性的。我开始明白为什么这一领域几乎无人开垦。根据常态研究的通常准则，这项研究并不好。（事实上，我不称之为研究，而称之为探索。）这样的研究容易招致批评，我自己也没有免俗。我选择什么样的人作为研究对象，是否可能受我自己的价值观左右？这是个切实的问题。当然，多一些评判者，就少一分危险。如今，我们有比任何独立判断都更客观、中立的测试——然而，1935 年时它们还不存在。我庆幸自己选择了迎难而上，我学到了许多，希望其他人也有所收获。

研究这些相对健康的人群及其特征，让不论是作为个人还是科学家的我遭遇了许多新的问题，并使我开始不满于许多之前想当然以为正确的旧方法、旧概念。这些人促使我以新的视角思考正常性、健康、美德、创造性与爱、高层次需求、美、好奇心、满足、英雄与神明般的人、利他主义、合作、尊老爱幼、保护弱者、同情、无私、人道主义、伟大、超验体验、高层价值等等的本质。（从那时起，我便与所有这些问题斗争，而且我确信答案不是虚无缥缈的。它们不是无法检验的“不科学”的问题。）

这些人类的高级心理机制与现存的获取可靠知识的“机器”多有龃龉之处。我现在明白，这台机器就好比是我厨房里的“垃圾处理器”，可以处理部分东西，却不能处理所有东西。换一个类比。我有次看到一台复杂、精巧的自动洗车机，可以把车洗得干干净净。可它只会做这么一件事，无论你把什么东西塞进去，洗车机都会把它当成一辆待洗的车。当你手中只有铁锤时，世界就只剩下钉子。

总而言之，我只能要么放弃这些问题，要么发明解答它们的新方法。我选择了第二条路。许多围绕重要问题全力以赴（以问题为中心），而不把自己限制于用手头的技法能迎刃而解的问题（以方法为中心）的心理学家，也选择了第二条路。如果你把“科学”定义为它目前能做到的事，那么它做不到的事就都成了“非科学”（nonscience），也就是不科学的（unscientific）。

恐惧知识：恐惧自我与社会的真相

一个惊人的事实是，人们抵制真相，而我们心理学家是所有科学家中最需要与这一事实斗争的。我们对关于自身的知识——可能改变我们的自尊与自我形象的知识——的恐惧，相较于其他类型的知识更强烈。一只猫安然做一只猫，至少在我们看来大体如此。它不害怕做一只猫。做一个完整的人则困难重重、引人惊惧。虽然人类热爱知识、追求知识——他们有好奇心，但他们也害怕知识。知识越关乎个人，他们就越恐惧。于是，可以说人类知识是某种爱与恐惧之间的辩证。知识包含着对其本身的抵御、压抑、粉饰、忽视与遗忘。因此，任何抵达这一知识的方法必须包括某种形式的（用精神分析的术语来说）“抵制分析”（analysis of the resistance），以消解人们对自我知识的恐惧，从而让直面赤裸的自己成为可能——这种事情直面想来是极恐怖的。

我们可以在更普遍的层面上考察这种知识。达尔文的自然选择理论是对人类自我的巨大打击。哥白尼式地看待事物的方式[①]亦然。然而，对知识的恐惧确实是逐层递进的。知识越无关个人，离我们私人的情感、关切与需求越远，抵制也就越轻微；越是对我们个人的内核盘根问底，抵制就越强烈。我们可以将这一规律表述为某种“知识量定律”：与个人知识的距离越远，科学知识的量就越大；研究主题的历史越久远，研究越安全，这一科学越成熟；等等。正因如此，我们对化学元素、金属、电的（科学）知识要比我们对性、偏见、剥削的知识丰富得多。

有时，我们必须对社会学、心理学领域的研究生大谈勇气、道德与伦理，大谈策略与计谋，像是要送他们去战场一样。为了发掘这些危险领域的知识，心理学家、社会学家必须战斗。

---

① 指不以自我、人类为宇宙中心的认识观。

被知的愿望与恐惧

人与物的不同之处在于，为了成为知识的对象，人必须得先希望被知道，或至少得允许自己被知道。[①]他必须接纳、信任认知者，在某些情况下甚至得喜欢上认知者。甚至可以说，他向认知者“屈服”（surrender）——在这个词的各种意义上[②]，而认知者也向他“屈服”。被理解的感觉是美妙的，甚至会让人精神勃发、身心康泰。本书将时不时提及此类事例。此类事例在精神疗法、社会心理学文献中也俯拾皆是。

动机、意图与目的

在与人打交道时，你必须使自己的认识论与如下事实

---

① 当人成为自己的认识对象时，情况就更为复杂。一般说来，他最好有个经验丰富的帮手，但这同时又牵扯到他与帮手之间错综复杂的关系。大概 10 年前，我以戏剧性的方式意识到这一关系可以多么非同寻常。那是在威廉·墨菲（William Murphy）医生的住院患者精神疗法课上。“我让病人背负起重若千钧的抑郁与焦虑，徘徊于崩溃边缘。”他说。别忘了，这可是一位努力理解病人，并帮助他们更好地认识自己的精神病医生啊！无论墨菲此话的本意是否关乎认识论，从认识论来理解是极恰当的。诚然，这一认识主体与对象之间的关系不同于更正常的认识论关系（如组织学家和他研究的玻片之间），而且后一种关系更为典型，但我相信大家都认同，知与被知的关系必须拓展，以将前者也包含进去。（原注）

② “surrender”不仅有“投降”“屈服”的意思，也有“听任（某人）摆布”的意思。

讲和：不同于物理对象，人们有自己的意图和目标。经典科学研究明智地摒弃了将上帝或人们自己的目标投射于物理宇宙的做法。投射不仅没有必要，还会阻碍我们的理解。人类却截然不同。人类的确有意图和目的，我们不仅可以通过内省直接察觉到它们，还可以轻易通过观察行为来研究它们——后者也适用于次人类动物。经典物理科学系统性地将这一简单的事实拒之门外，因此，其方法自然不适合用于研究绝大多数人类行为。经典物理科学不对手段和目的加以区分。于是，正如波兰尼指出的，它无法甄别有意义的行为是恰当或不恰当的、有效或无效的、正确或错误的、病态或健康的，因为所有这些形容词描述的是人们达成目标时的手段是否合理、有效。这些方面的考量与纯粹的物理、化学系统风马牛不相及，因为物理、化学系统没有目标，也就没必要区分行为的好坏。

意识、无意识与前意识

令我们的处境雪上加霜的是，人们有时不知道自己目标为何。比如，某人可能做出精神分析学家所说的“见诸行为”（acting out）[①]——表面上看来是在追求某个彰明较著的目标，然而该目标却非行为的真正目标，而是一个永远无法满足他渴望的象征性替代。

任何一种完整的科学心理学理论都必须对从意识到无意

① 在弗洛伊德的理论中，指在精神分析过程中无意识地用行为（而非语言）释放冲突的内心状态。

识，再到前意识的关系，以及从所谓“原发过程”（primary process）认知到“继发过程”（secondary process）认知的关系有详尽的阐释。[①] 我们习惯于将知识想成是语言的、明确的、详述的、理性的、逻辑的、结构化的、亚里士多德式的、现实的、可感的。凝视人类本性的深渊，我们心理学家学会同时尊重那些未阐明的、前语言（preverbal）和潜语言（subverbal）的、默会的、难以言喻的、神秘的、深邃的、象征性的、诗意的、审美的知识。没有这些数据，任何对个人的描述都不可能是完整的。然而，这些数据只存在于人身上。因此，我们必须创造特设（ad hoc）方法。在本书的余下篇章中，我将继续探寻这个问题及其支脉。如果我们的任务是认识作为人的人，经典科学的概念与方法在哪些方面适当，在哪些方面又是不足的？它们需要怎样的改进？我们应该考虑哪些竞争提案并加以检验？人的科学能给普通科学哪些教育意义？

---

① 在弗洛伊德的理论中，原发过程与继发过程是精神机制中两种对立而互补的模式。原发过程依据快感原则，直接由驱力推动，以实现自由流动的心理能量；继发过程以心理能的结合为基础，作为调控系统加以干涉，服从于现实原则。

第 三 章

恐惧与勇气条件下的认知需要

科学源于认识并理解（或解释）的需求，也就是认知需求（cognitive needs）。我感觉这些需求近似于本能，因此是人性（虽然不限于人性），也是人类的决定性特征。我在另一篇论文中总结了支持这一结论的多方证据。在那篇论文中，我还试着对由焦虑激发的认知活动，与那些得以克服恐惧或免受恐惧侵扰，并因此可称“健康”的认知活动加以区分。也就是说，认知冲动似乎要么源于恐惧，要么源于勇气，而两种条件下的认知活动具有不同特点。

由恐惧或焦虑激发的好奇、探索与控制，其主要目标可以说是缓解焦虑。某些考察或探索的行为看似表现出对于对象本质的兴趣，其实可能是生物体在努力让自己平静下来，缓解紧张、警觉或忧虑的程度。在这种情况下，未知对象的主要作用是制造焦虑，而考察、探索行为的首要意义是为对象解毒（detoxification），让它不再那么令人恐惧。一旦放下心来，某些生物或许会出于对独立存在的外在现实的纯粹的、非焦虑性的好奇心，开始考察对象本身。然而，一旦对象已经被解毒，变得熟悉，不再使人恐惧，也有些生物可能会彻底丧失对它的兴趣。也就是说，熟悉可以带来忽视与厌倦。

在现象学上，这两种好奇给人以不同的感受。在临床和性格学上，二者也是相异的。最后，许多巧妙的实验已表明，它们在几种次人类物种和人类身上都表现为不同的行为。

此类数据还迫使我们假定人类具有某种超越纯粹好奇心的冲动。学者们提出了各种各样的概念，如对理解、意义、价值、哲学或理论、宗教或宇宙观、某种解释或条律系统等的需求。概括地说，它们都指向某种对纷繁芜杂、混沌无章的事实加以整理、抽象、结构化、秩序化或简化的需求。相比之下，在绝大多数语境中，“好奇心”往往被理解为针对某个单一事实或对象，或至多是有限的对象、情形或过程的集合，而非指向整个世界，或世界的一大部分。

与强势的认识需求类似，我们可以认为当这一理解需求自我表现并组织行为时，它要么服务于缓解焦虑的目的，要么出于对现实本质的非焦虑兴趣。对两种需求的临床与人格学研究都表明，焦虑和恐惧通常比对现实本质的客观兴趣更强势。在这一语境中，“勇气”可以被理解为恐惧的缺席，或是一种克服恐惧、不让恐惧挡道的能力。

有了这些背景资料，我们就能更好地理解各种认知活动——无论是科学、哲学研究这类制度化的，还是在心理治疗中寻求启迪这样个人化的。其中牵涉多少焦虑，又牵涉多少与焦虑无涉的兴趣？鉴于绝大多数人类活动兼而有之，我们还得问，焦虑对勇气的比例是多少？提纲挈领地说，一切行为，包括科学家的行为在内，都可被看作这两股动力的产物，也就是缓解焦虑的（防御）策略与以问题为中心的（应对）策略的混合体。

我在多个语境中以不同的方式描述过这一基本的辩证关系，它们可服务于不同目的。第一，我区分了弗洛伊德意义上的“防御机制”（为了缓解焦虑，但同时依然在追求满足）与我所谓的“应对机制”（为了在没有焦虑或不顾焦虑的情况下积极、勇敢、成功地解决生活中的问题）。第二个有用的区分是匮乏动机（deficiency-motivations）与发展动机（growth-motivations）。两者都可以是认知的首要动机。若行为主要是由发展驱动的，就难以被化约为需求，而更多是向着自我实现、充实人性而运动，并且更富表现力，更无私，更着眼于现实。有点像人们所说的：“等我们解决好个人问题，就能真正地对世界本身感兴趣了。”第三，我视发展为一连串无止境的日常选择与决定。在每一个岔路口，我们都可以选择要么回退到安全地带，要么朝着发展前行。我们必须一次又一次选择发展，一次又一次克服恐惧。

换言之，科学家可以被视为是更具有防御性的。他们以匮乏、对安全的需求为动机，主要由焦虑驱动，而其行为意在缓解驱动。有时也可认为科学家已经谙熟自己的焦虑，并积极地应对问题以战胜焦虑。也就是说他们由发展驱动，向着自我实现、充实人性运动，因此挣脱了个人情绪困难的束缚，自在地转向本质上迷人的外部世界，全身心沉浸其中——科学家可以以问题为中心，而非以自我为中心。[①]

认知病态：认知中的焦虑缓解机制

当这一动机体现为极端病态的案例时，便是证明知识可以缓解焦虑的确凿证据。

首先，让我们简要考察那些让库尔特·戈尔茨坦（Kurt Goldstein）受益匪浅的脑损伤士兵。他们在战场上遭受重创，并继而引发严重的能力缺损。这让他们不仅自

---

① “应对此种焦虑的方式多种多样，其中部分方式是认知的。在这样一个人看来，陌生的、朦胧的、神秘的、隐蔽的、出乎意料的事物都容易造成威胁。要以一种让它们变得熟悉、可预测、可掌控，也就是变得温顺无害的方式是去了解它们、理解它们。因此，知识可能不仅具有促进发展的功能，还具有减轻焦虑、维持内稳态的保护性功能。外在行为或许别无二致，可背后的动机可能大相径庭，带来的主观后果也是不同的。在一种情况下，比如说，当房主因为半夜楼下传来神秘、恐怖的声音，于是心神不宁地拿着枪走下楼梯，却发现不过是虚惊一场时，会长舒一口气，不再感觉精神紧绷。再试想一种截然不同的情况：一个年轻学子透过显微镜第一次看到细胞的细微结构，或一个人突然领悟到一首交响曲、一首深奥的诗歌或某个政治理论的意义时，他的感受则是恍然大悟、欣喜若狂。”

“我们还可以在巨幅油画上、伟大的哲学家身上、宗教组织中、政治与法律系统中、各种科学领域甚至作为整体的文化之中，发现这一动机的辩证关系。概括地说，它们能够以各种比例同时展现理解需求与安全需求的产物。有时，对安全的需求能够把认知需求几乎全部挪用，迫使其服务于缓解焦虑的目的。无忧无虑的人则能够更加英勇、果敢地为了知识本身而探索、构建理论。我们可以合理地假设，后者更有可能接近知识与事物的真实本性。一种安全为上的哲学、宗教或科学往往是盲目的，一种发展为宗的哲学、宗教或科学则往往是开明的。”（原注）

认残障，还让他们杯弓蛇影、草木皆兵。他们的许多行为可以被理解为是在尝试保全自尊，避免与那些他们看来必定击败自己的困难正面冲突，而这些正面冲突往往会引致焦虑。为了达成这一目标，他们首先缩小自己的世界，将无法应对的问题排除在外，仅关注自己能够掌控的问题。在这些故步自封的小世界中，他们畏首畏尾，仅怀揣“谦逊”的志向与目的，就不至于崩溃。其次，他们小心地赋予小世界以秩序与构造。他们给万事万物都腾出一块空间，让它们各就其位。他们把自己的小世界抽象为几何图形，让它们变得可预测、可控而安全。再次，他们往往把小世界冻结为静止不变的形式，避免变动不居的事态。就这样，他们的世界变得更加可预测、可控，从而减少焦虑。

对于那些能力有限，不信任自己的能力，认为世界的混沌即将吞没自己且无法接受这些现状的人们，以上所说的那些举措是明智的、符合逻辑的、可理解的。它们有用。它们切实减轻了士兵们的焦虑与痛苦。我们外人乍一看，会认为他们是健康的正常人。

这些制造安全的机制在实用层面上无可指摘（它们不是疯狂的、怪异的或神秘的）。为了更清楚地表明这一点，可以将他们与刚失明的人相比照——刚失明的人失去了部分能力，因此必须把世界看作一个危机四伏、无法掌控的地方，必须立即建筑出各种安全机制以保护自己免受切实的伤害。也就是说，他们必须尽快缩小世界。为了让事态“尽在掌握”，他们甚至可能把自己禁锢在家里。每件家具都得安放在固定的地方，一切都不能移动。不能发生任何难以预测、出乎意料的事，因为它们是危险的。世界必须一成不变。变动即危险。他们必须把一处到另一处的路线死记硬背下来。所有必需品必须各就其位，不得擅自离开它们原属之处。

强迫性神经症患者（compulsive-obsessive neurotics）也有类似的表现。容我贸然概括这里的一个基本问题，即对自身的冲动与情绪的恐惧。患者无意识地担心如果自己一时冲动、情绪失控，就会发生非常糟糕的事情，甚至是谋杀。因此，他一方面严苛地控制自己，另一方面把头脑中的戏剧性事件投射于外在世界，并试图一并控制住世界。对于在他内心被拒斥的东西——情绪、冲动性、自发性、表现性，他虽然怀着矛盾心态，但也在外界加以拒斥。当他拒斥自己内心的声音和信号，并因此丧失了对自发性愿望、本能般的冲动的信任时，他就必须依赖外界信号来告诉自己该做什么、何时做。这些信号包括日历、钟表、时间表、日程表、量化表、几何表、法律、各种各样的规则。由于改动、流变与出乎意料之事会让他措手不及，他还必须谋划将来，使之程式化、精确无误、易于预测。他也倾向于将自己的行为组织成可重复的惯例与仪式。

这里，我们也辨认了同样的安全机制。通过躲避使他不安的人们、问题、冲动与情绪，强迫症患者缩小了自己的世界。也就是说，他过着一种画地为牢的生活，也容易变成一个故步自封的人。为了控制世界，他缩减了世界。为了避免所恐惧之事，他整理、管控甚至冻结自己的世界，使其更可预测，并因此更易掌控。他的生活倾向于循规蹈矩、按部就班，依据外界的而非内心的提示，倚仗逻辑与事实，而非冲动、直觉与情绪。（有个强迫症患者曾问我，他该如何证明自己深陷爱河！）

虽然人们常常把更为极端的癔症性神经症患者（hysterical neurotic）[①] 与强迫症患者相对比，此处我们没必要考察前者，因为他们强烈的压抑与否认避免了引人痛苦的知识。难以想象这样一个人能够成为科学家，更不要说工程师或技术专家了。

最后，我们可以从某些多疑、偏执的人身上学习到一些东西。他们强迫性地需要知道一切正在发生的事情——他们害怕、担心不知道。他们必须知道紧闭的门后发生着什么，奇怪的噪声必须得到解释，掠过耳边的词语必须被全部听见。危险隐藏于未知，只有真相大白才能解除警报。这种追求知识的行为主要是防御性的。它是强迫性的，不知变通，诱发焦虑并创造焦虑。它仅在表面上是追求知识的行为，因为现实一旦被知道，不再危险，也就不再有趣。也就是说，现实本身无关紧要。

其他认知病态

临床观察发现，我们认知、理解的需求还有如下病态的（或主要由焦虑引发的）表现形式：

1. 对确定性本身（而非享受、欣赏确定性）的强迫性

---

① 癔症性神经症这一精神疾病分类如今已被划分为转换障碍与分离障碍，不再沿用。

需求。

2. 仓促做出结论——通常由对确定性的强烈需求而引发（因为难以坐而等待或处于悬而未决的状态）。

3. 出于同样的理由，罔顾与结论相冲突的新信息，固执地死守结论。

4. 否认无知（因为害怕显得愚蠢、软弱、可笑）——无法说出“我不知道”“我错了”。否认怀疑、忧虑、困惑：需要表现得果断、确定、自信、有把握，无法表现得谦逊。

5. 顽固、神经质般的需要表现得强硬、无畏、坚定、严肃。反恐惧机制（counterphobic mechanisms）是对恐惧的防御。它们是真实处于恐惧中的人们用以否认恐惧对象的方式。追本溯源，对显得脆弱、优柔、多愁善感的恐惧，可能是对（被误认、误解的）女性气质的防御。科学家们常有表现得“硬汉”、坚强、苛刻的合理欲望，但当这些欲望变得病态时，他们会希望彻底铲除不严苛的可能性，“硬汉”形象则成了他们仅有的追求。他们可能会渐渐丧失温柔、屈服、耐心、顺其自然、被动接受的能力——即使在某些情况下，如心理治疗时，这些能力是良好认知的先决条件。

6. 时刻都能够积极主动、占据强势、支配他人、控制局面、指点江山、彰显男性气质，却无法倾听他人、顺其自然、不横加干涉。这样的认知者丧失了灵活性。

7. 精神分析学意义上的合理化（rationalization），如“我不喜欢那家伙，所以我得找个好理由”。

8. 无法容忍模糊性：无法欣然接受模棱两可、神秘、部分未知的事物。

9. 渴望符合群体规范，赢得群体认可，成为群体成员。无法表达异见，不能忍受不得人心、孤立于群体的状态。其对认知的影响可参见阿施（Asch）与克拉奇菲尔德（Crutchfield）等人的实验。

10. 妄自尊大、夸大妄想、目中无人、自我中心、偏执倾向。深度治疗往往揭示出他们的自大其实是对深层次的虚弱无能感的防御。无论如何，这种自大都会阻碍人们看清现实。

11. 对偏执、傲慢、妄尊自大怀有恐惧。对自己的骄傲、伟大、上帝般的全能做出防御，胸无大志，逃避自我发展。无法相信自己有做出重大发现的能力，因此对此类发现熟视无睹、不可置信，无法及时做进一步探索或指派给自己琐屑的任务。

12. 过度尊奉权威、敬仰伟人。需要怀揣着爱戴之情，成为一个纯粹的信徒、忠诚的追随者，最终沦为一个无法独立、无法自我确证的傀儡。（“别做弗洛伊德主义者，做弗洛伊德。”“别追随大师的脚步，要追求他们的目标。”）

13. 轻视权威。需要对抗权威，无法向师长学习。

14. 需要时刻保持理性、明智、精准，时刻用分析性、逻辑性的方式思考。在需要非理性思维、疯狂揣测或直觉判断的情况下也无法变通。

15. 理智化（intellectualization），即将情绪转化为理性的，面对复杂情况仅能感知其理智方面，满足于给事物下定义而非体验事物，等等。这一点是脑力工作者的常见缺陷，比起生活的认知方面，脑力工作者往往难以觉察生活中情绪化、冲动性的一面。

16. 常常以部分真相为代价，将智力用作统治、独裁、使他人钦服的工具。

17. 出于种种原因惧怕知识与真相，并因此躲避或扭曲它们。

18. 标签化（rubricizing），即病态地将事物分类，以逃离具体的体验与认知。

19. 强迫性的二分思维，两极的价值取向，非此即彼，非黑即白。

20. 渴求新奇，贬低熟悉之物。假如奇迹重复了一百遍，就无法将其视为奇迹。瞧不起早已知晓的事物，如自明之理、老生常谈。

诸如此类，不一而足。几乎可以无止境地列举下去。比如说，弗洛伊德学说中的诸多防御机制有五花八门的效应，但它们无一例外都会降低认知效率。整体上看，神经症（neuroses）与精神病（psychoses）都可被视为认知疾病（当然，患者还有其他方面的问题）。人格障碍、存在性"障碍"①、"价值变态"②以及属人功能的减弱、迟缓或丧失，也几乎如此。甚至可以从这一角度分析许多文化与意识形态，例如一些文化鼓励愚蠢，阻碍好奇心等。

通往全部真相的道路是崎岖的。无所不知绝非易事。

① 并非定义明确的病症，可理解为强迫性地思考"存在的意义""人生的价值"等大问题。

② 同上，并非定义明确的病症，可理解为价值观反常。

之于外行，之于科学家，都是如此。科学家与外行之间的主要差异在于，科学家刻意、自愿、有意识地肩负起了寻求真理的重任，并且在技术与伦理允许的范围内不遗余力地探索。坦言之，我们可以把科学整体看作这样一种技术，易错的人类试图借助它克服的自己畏惧、逃避并扭曲真相的人之本性。

由此可见，对认知病态的系统性研究理应是科学研究中常规的一门显学。显然，这一知识的分支将帮助科学家成为更好的认知者，帮助他们拥有更高效的工具。至于这一领域为何仍是尚未开垦的荒地，可真是个谜。

整合谨慎的认知与勇敢的认知

前文所述足见这些“好的”“良性的”科学词汇——预测、控制、缜密、确定性、精确性、整洁、秩序、合乎法则、量化、证明、解释、检验、可靠性、理性、系统性等等——一旦走向极端，都有可能病态化。它们都有可能被对安全性的需求所俘虏，从而其主要功能就成了避免焦虑、控制焦虑。它们或许同时既是给混沌、骇人的世界解毒的机制，又引导我们热爱并理解这个迷人、美妙的世界。增强确定性、精确性、可预测性等，可能是健康的，也可能不健康；可能由防御驱动，也可能由发展驱动；可能缓解焦虑，也可能带来发现与理解的正面愉悦。科学可以是防御，也可以是通往充分自我实现之路。

为了确保一个重要的论点不被误解，我们还必须考察一番那些勇敢的、由发展驱动的、心理健康的科学家。为了在对比中看出差异，让我们再次从极端情况入手。所有这些相同的机制与目标也存在于以发展为动机的科学家身上。区别在于他们没有走向神经症[①]。他们的行为不是强迫性的，也不会不知变通、难以自控，更不会因奖励延迟而焦虑万分。他们没有十万火急的需求，也没有排他性的需求。健康的科学家不仅能够欣赏精确之美，也可以享受马虎、随性与模糊的乐趣。他们能够享受理性与逻辑，但疯狂、轻率与情绪化也能给他们带来安适。他们不害怕第六感、直觉或怪异的想法。明事理的感觉很好，但偶尔无视常识也很美妙。发现事物的规律是件乐事，当一系列精妙的实验解决了问题，科学家的确可能获得巅峰体验（peak experiences）[②]。然而，迷惑不解、异想天开的揣测也是在科学游戏中追捕猎物的一部分。深思一组优雅的推论步骤或数学证明的确能带来审美、神圣体验，但只关注不可捉摸的深渊亦可。

伟大的科学家们，以及富有创造性、英勇果敢的科学家们身上超常的灵活性便是极佳的例证。受控还是失控，紧张还是松弛，遵循常理还是疯狂，严肃还是不正经，他们都能够切换自如。这种能力不仅是心理健康的特征，也

---

① 霍尔奈的《我们时代的神经症人格》（*Neurotic Personality of Our Time*）清晰地辨析了哪些对爱、安全、尊重等的追求是神经症的表现，哪些又是健康的。（原注）

② 指至高的愉悦与满足，参见马斯洛的《宗教、价值与巅峰体验》（*Religions, Values and Peak Experiences*）。

是科学创造力的特征。

归根结底，我深信不疑的是，我们不仅需要教育年轻的科学家们学会谨慎，也需要培养他们学会勇敢。单纯地谨慎、持重，单纯地冲动行事，都只会培养出优秀的技师，但技师是很难发现新真相、提出新理论的。谨慎、耐心、因循守旧是成为科学家的必要条件，但如果他们希望做出开创性的工作，就还需要辅以勇敢无畏的精神。两者都是必要的。它们也不是互斥的属性，是可以整合起来的。它们共同构成了灵活性、适应性和变通能力。换言之，就像精神分析学家们常说的，最优秀的精神分析学家（或科学家，或普通人）是结合了癔症和强迫症的积极特征，但同时没有两者的消极特征。

从认识论的角度看来，如果我们接受认知主体与对象之间同构、平行的相互关系，便可以自信地期待“更高”“更大胆”的奥林匹亚式[①]的认知者能够认识到更高的真理。除了谨慎一无所长、避免一切焦虑诱因的认知者，是半盲的。他们眼中能够被认知的世界，比强者眼中的来得狭隘。

---

① 此处喻指超乎常人、具有神性的。

第 四 章

安全科学与发展科学：科学作为防御

科学可以是一种防御方式。它可以首先是一门安全哲学、一套安保系统、一种复杂的避免焦虑与麻烦的方式。在极端情况下，科学可以是一种逃遁生活的方式、一种自我隔绝的方法。它至少在某些人手中，可以成为一个以防御、保全、整顿、维持稳定为主，而非发现、推陈出新为主要功能的社会机构。

当科学的机构化登峰造极，其最大危险在于，科学事业最终可能完全自主运行，就像一个遗忘了初衷的官僚机构，或者说像一堵高墙，将任何创造、革新、革命和令人不安的新真理都挡在城墙外。官僚甚至会成为天才的秘密敌人，就像评论家常常对诗人放暗箭，就像教士常常迫害神秘主义者与先知——尽管神秘主义者与先知恰恰是教会的奠基者。

假如我们承认科学和所有社会组织一样，不仅有革新的功能，也有保全、维稳、整顿的功能，该如何避免这一因循守旧的趋势走向病态？该如何使其保持正常、健康、有益？归根结底，我想，答案与上一章的问题的答案如出一辙：需要深刻认识科学家们的个体心理特征，充分意识到他们性格的个体差异，辨认出科学的哪些目标、方法或概念容易在个体、社会机构层面病态化。一旦有足够多趋于病态的个体，他们可能会占领机构，并将他们狭隘的视角命名为“科学哲学”。个体内部的冲突与这种个体间的角力多有类似。恐惧与勇气、防御与发展、病态与健康之间的挣扎是一种永恒的内心（intrapsychic）斗争。在对此类个体内部斗争的病理研究与治疗中，我们学到了重要一课：为了和勇气、发展与健康站在同一战线，必须与真理站在同一战线（尤其是因为健康的勇气与发展包括了健康的持重、谨慎与坚韧）①。

在其他书作与论文中，我曾尝试证明二分思维往往是思想病态化的根源。整合性思维兼收并蓄，使各部分相辅相成；二分思维则将共生的事物割裂开来，它所留下的看似是自足的整全之物，其实却是孤立无援的碎片。果敢与谨慎可以被看作非此即彼的对立，也可以被糅合为一。一个将果敢与谨慎整合起来的人，和一个果敢而不受谨慎诱惑的人（所谓“莽夫”）是截然不同的——后者倾向于不辨黑白、急躁冒进。

一个健康的勇者身上明智的谨慎，不同于与果敢相割裂的谨慎，后一种谨慎往往使人裹足不前、故步自封。优

---

① 在这个几乎以非此即彼的排他性判断为本能反应的社会中，时刻反观自身或许能够帮助我们在这些辩证趋势间保持平衡，避免落入非黑即白的思维陷阱。经过对于作为思考者与科学家的我本人的精神分析，我发现同时抵制过度谨慎与过度勇敢、过度控制与过度冲动的诱惑是至关重要的。我认为这一持久冲突，这些不可避免的回撤与前进、保守与大胆等等之间的日常选择，是科学家生活中必然的内在组分。可以在波兰尼的著作理论中找到关乎这一点更为明晰的阐述。他表明科学知识是“个人的”，科学知识必然包含判断、品位、信仰、博弈、品鉴、承诺与责任。（原注）

秀的科学家必然善于因地制宜、随机应变。也就是说，他能在适当的时候保持谨慎与怀疑精神，也能在需要勇往直前时奋不顾身。这话听起来缺乏指导实践的意义，就好比凭着直觉烹饪的厨师说“加盐不要过量，也不要太少，要正好”。然而，科学家的处境可不同于厨师，因为科学家有办法判断“正好”究竟是多少，即最能促进发现真理的量①。

成熟与不成熟的科学家

库恩对常态科学家与革命性科学家所做的区分，一定程度上呼应了从青少年到成年人，或者从不成熟到成熟的发展过程。相较于伟大的创造者，常态科学家、强迫型人格与操作技师，更像是小孩心目中的果敢成年人形象的化身。如果我们能够深入领会青少年②所误解的成熟与真正的成熟有何区别，我们就能理解对创造性的深层恐惧及抵御创造性的反恐惧机制。这继而也将阐明我们每个人心中与自我实现、至高命运的永恒斗争。

---

① 对于全面发展、善于变通的科学家来说，“歇斯底里”与“精神分裂”的倾向都属于标准的有利条件（在这些科学家身上，这两种倾向没有与他性格的其他方面割裂开来，因此不会病态化）。我已经说过，很难想象极端的歇斯底里或精神分裂者会渴望成为科学家，更不用说他们是否有能力了。极端的强迫型人格倒是能够成为某种特定的科学家，或者说至少能成为技术专家。（原注）

② 后文出现的“青少年”均特指男性。

青少年时期[1]的男性深陷这样一种冲突，他们既想要保持年轻、幼稚，又渴望长大。幼稚与成熟都有各自的愉悦与不快。无论如何，生理和社会都让他们无可选择。他们的生理年龄不可避免地增长，他们也不得不顺从社会文化的期望。

因此，至少在我们的社会中，他必须切断自己对母亲的爱的纽带。这股力量把他往回拉，而他同时与这股力量及他的母亲斗争。他试图成就独立与自由，成为与父亲平起平坐的伙伴，而不是他毕恭毕敬的儿子。他眼中的男人是强硬、无畏的，在不安与痛苦面前不为所动，不受情绪束缚，总是处于强势地位，且时常暴怒；他眼中的男人是撼天动地者、有作为者、建造者、真实世界的主人。这一切都是他渴望成为的。他扼杀自己的恐惧与怯懦——当然，他的反恐惧防御机制让他矫枉过正了，以致无法拒绝任何挑战和冒险。他享受让小姑娘们胆战心惊，也享受让大姑娘们惴惴不安。他把自己的温柔、激情、同情、骤生的爱意视为禁忌，而这都是为了让自己变得强硬，或至少看起来强硬。他挑战成年人、建制、权威，以及所有的父亲形象，因为无惧父亲才是终极的强硬。在他依然渴望依靠他们的肩膀时，他就试着挣脱自己（心目中）毕生的统治者们，将他们驱逐出自己的心灵。不过，这些长辈在某种程度上的确是统治者，并把他视为需要照料的孩子。

只要有一双善于发现的眼睛，我们就能看到这些概

① 原文为“The pre-and postadolescent boy”，字面意思是青春期之前与青春期之后（但尚未成年）的男孩。

念的具体化投射无处不在。比如，我们可以看到它们化身于牛仔、冷酷的罪犯、黑帮老大、“大无畏福斯迪克”（Fearless Fosdick）[①] 型的侦探、政府密探，或许很多户外健将也是。让我们聚焦于一个例子：标准西部片的牛仔身上宣泄、幻想的元素。牛仔形象将男孩们梦想中的荣光展露无遗。他英勇无畏、孔武有力、孤军奋战。他以魔法般的、“心不想事竟成”[②] 的方式大肆杀戮；他从不错失目标，他杀人不见血，也不见痛苦和混乱。除了他的马，他谁也不爱——即使他对别人怀有爱意，也不会直接表露，至多是以轻描淡写、含沙射影、隐晦曲折的方式表达。只有在极少数情况下，他才会对某个女人情意绵绵。在一切可设想的维度，都是阴柔气质之人的对立面，阴柔之人将艺术、文化、智识、教育与文明的方方面面都纳入自己的领域。这一切在牛仔眼中都是阴柔的。此外，整洁卫生、各种情绪（或许除了愤怒）的表达、面部表情和宗教信仰，在他眼中也都属于非阳刚气质的体现。幻想中的牛仔从没有孩子，也没有母亲、父亲和姐妹（他们可能有兄弟）。也别忽视这一意味深长的事实：虽然死亡遍地都是，我们几乎看不见鲜血、痛苦和残损的肢体。此外，统治与被统治的阶级结构永远不会缺场，总是有一定的啄食顺序（pecking order），而我们的英雄总是在最顶端。

---

① 漫画形象，是对另一部漫画中热血、硬汉警探迪克·特拉西（Dick Tracy）的夸大与嘲讽。

② 原文为“wish-fulfilling”。在弗洛伊德的理论中，“愿望实现”（wish fulfillment）指在梦境、幻想中实现无意识的愿望。

真正成熟的男人不是年岁虚长的成熟，而是生理年龄与个人发展的双重成熟。概言之，成熟的男人不会把自己的软弱、情绪、冲动或认知视为威胁，因此，他也不会受到青少年所谓的“女性气质”的威胁。真正成熟的男人愿意称之为人性。他似乎能够接纳人之本性，因此不会在内心与之斗争，不会压抑部分的自我。一个斗牛士曾说过一句著名的话：“先生，我所做的一切都是阳刚的。”这种对自我本性的接纳，而非以某种外在的理想型为榜样，是相对成熟的男性的特质。他已如此自信不疑，又何必费心证明什么呢？成熟男性的特征还包括乐于体验，以及对矛盾心态的超越（postambivalence），即能够全心去爱，不带一丝敌意、恐惧或控制欲。为了紧扣主题，此语境中的“对矛盾心态的超越”，也指能够将自己完全交付于一种情感，不一定是爱，也可以是愤怒、迷恋，或者向科学问题彻底屈服[①]。

这些情感成熟的特征恰恰与我们目前为止发现的具有创造性的人们（我不会说他们“杰出”或“天赋异禀”，那可以是另一码事）的特征高度相关。比如，理查德·克雷格（Richard Craig）已表明，托兰斯（Torrance）所罗列的具有创造性的人们的性格特征，与我列出的自我实现者的性格特征几乎完全重合。这两个概念似乎在根本上是同一回事。

普通科学家身上有哪些特征可能是不成熟的表现，因

---

① 参见第二章“被知的愿望与恐惧”一节。

而值得我们担忧并深入考察呢？可能的答案不胜枚举，但我们考察一个例子就够了：沉湎于对事物的控制与排斥，就像我之前描述的某些青少年那样。无论何事何物，只要青少年认为它会让自己显得柔弱，他们就会压抑它、排斥它。过度防御、强迫性思考，“不成熟”的科学家也是如此。他们性情的基调便是不信任自己的冲动、情绪，重视控制，因而倾向于将一些东西拒之门外，唯恐避之不及，并且总是疑心重重。他们也往往厌恶他人身上失控的一面，以及他人的冲动、激情、奇行怪语、不可预测。他们往往是冷酷、严苛、不苟言笑的，他们也倾向于偏爱严格、冷酷的科学，以至于把严格、冷酷当成科学的代名词。显然，此类现象能给我们带来许多教益，我们的相关研究却太过贫瘠。

第 五 章

对人的预测与控制

关于人的知识的终极目标，不同于认识事物、动物的目标。当我们的认知对象是分子、草履虫或家畜，说预测与控制是排他性的首要目标，倒还情有可原（虽然我也不认同）。但是若有人说我们努力认识人类，就是为了预测、控制他们，我们怎能当他是认真的？我们倒是会被“预测、控制人类”的可能性吓得魂飞魄散。要说人本主义科学有什么目标的话——除了对人类之谜纯粹的痴迷和享受——想必是将人们从外在控制中解放出来，让观察者更难预测他们（使人更自由，更具创造力，更多地由内在而非外在决定），即使这或可使得人们能够更好地自我预测。

至于自我知识（self-knowledge）的目标，则又是另一回事，且更为复杂。自我知识的首要意义并非外在的，而是蕴含于其自身之内的。自我知识本身就是迷人的。它赏心悦目、益人神智（至少长远来看如此）。我们时代的人毫不怀疑，即使有时过程很痛苦，自我知识依然是消除症状的灵丹妙药。它能够带走不必要的焦虑、抑郁与恐惧。它是带来良好感受的一种手段。我们也知道，19 世纪的（不管怎样都是通过意志力而非自我知识的）自我控制理念，也正在被自发性这一几乎与自我控制截然相反的概念所取代。这意味着，如果我们充分知晓自己的生理本性，即固有自我，这一知识就会指明我们的个体命运。也就是说，它暗示只有当我们深谙自己的本性时，我们才会爱它、屈从于它、享受它、充分彰显它。这同时意味着拒斥历史上许多关于良好生活的哲学观点。在绝大多数西方哲学家和狂热的宗教信徒看来，只有控制、压抑自己身上低等的动物性，才能成为一个好人。

然而，人本主义心理学的自发性理论所勾勒的图式（典范性的事例，其边缘也有与之不符的例外状况）是焕然一新的。那些最基本的冲动并不被认为是本质上邪恶或危险。至于这些冲动的表达与满足所引发的问题，本质上是策略优劣的问题，而非对与错、善与恶的问题。因此，对于需求表达、需求满足的控制就成了应该在何时何地、以何种方式满足需求的问题。这类“协调化”控制（apollonizing controls）并不质疑这些需求本身。我甚至想宣称，任何环境、社会只要质疑这些需求本身，只要把性、食欲、爱、自尊等永久地问题化，我们都可直接推测它是个“坏”社会。

由此可见，“控制”这个词在人本主义者眼中含义不同：控制可以与冲动相辅相成，不必与之矛盾。认识到这一含义，我们便可以说自我知识的目标是让我们靠近所谓的自由，而非压制性的自我控制。可预测性亦然。当这个词被应用于对自我或他人的知识，其定义就大大改变了。我们也可以通过经验研究确证这一点，比如考察人们经心理治疗后的状态，考察人们最具人性的时刻。

以可预测性为目标

通常语境下，“可预测”（predictable）意为“可被科学家预测”，同时也暗含“可被科学家控制”的意味。有趣的是，倘若我能预测某人在某些情况下会做什么，此人往往会心怀怨愤。出于某种原因，他认为这意味着他没有得到尊重，仿佛他不是自己的主人，仿佛他无法自控，不过是一个物件。他很容易感觉受到支配、受到控制、智不如人。

我见过人们刻意扰乱预测——仅仅是为了强调自己的不可预测性，进而彰显自主权、自治权。比如，有个平日里遵纪守法、老实本分的10岁女孩，突然在课堂里分发炸薯条（她应该发的是笔记本）。此举不过是因为，她事后说，人人都把她的良好品行当成理所当然的了。一个年轻男子听到未婚妻说他事事循规蹈矩，她总能料想到他会做什么，因此他故意做出出人意料之事。出于某种原因，他认为她的言辞带有侮辱性质。这常常被预测是严重病态的征兆。比如，戈尔茨坦研究的脑损伤士兵对特定刺激的反应极易预测，因而他们可以被轻易地操纵，即受制于刺激同时意味着可预测性和可控性。

不过，我们有时也用这种言辞（或近似的表达）赞赏别人：“你完全可以指望他救急。”“关键时刻他是不会背信弃义的。”“我愿意拿命担保他的诚实。”我们似乎希望人们性格的基本结构始终如一，却不希望细节之处也如此。

当我们考虑到自我认知时，可预测的目标就更复杂了。我们已经知道，自我认知会减少来自外界的控制，并增加源于自身的控制，也就是说，自我认知使人更多地由自我，而非他人决定。还有个与之相呼应的规律是——回到预测的问题上来——当自我认知增加时，自我可预测性似乎也随之增加了，至少关乎重要问题、基本问题时显然如此。不过，这可能意味着在许多方面更难被他人预测。

最后，我想立足于我们所知的最高层次，即存在层次（being level），简单评述一下预测、控制和理解这些概念。在这一层次，价值被自我完全吸纳。事实上，它们已成为自我的决定性特征。真理、公正、良善、美、秩序、统一性、全面性等都变成了元需求（metaneeds），并因此超越了自私或无私、个人需求或非个人追求的二分对立。

在这里，自由成了斯宾诺莎式的[①]，即接纳并热爱自身命运的自由，而一个人的命运至少部分是由对自我究竟为何——即霍尔奈意义上的真实自我（real self）的发现，以及屈服于它的渴望所决定的。要任它控制，要自由地选择去受其决定。因此，这也是要超越“自由对决定”“自由对控制”“以理解为目标对以预测与控制为目标”等二元对立。这些表述的含义经历了转变，并在一定程度上交融在一起；尽管还有待考察具体是以何种方式。无论如何，我希望我已经阐明了一点：对“预测”与“控制”这两个概念过分简化的理解，虽然适用于牛顿式的“台球桌”（运动中的物质）科学观，可一旦我们来到科学的人本、超人本层面，就该将其抛在脑后了。

---

① 巴鲁赫·德·斯宾诺莎（Baruch de Spinoza，1632—1677），荷兰哲学家，认为人的自由是依据人的必然本性行事。

第 六 章

体验知识与旁观知识

生活中的许多东西是无法由语词、概念或书籍传达清楚的。我们看见的颜色无法描述给天生失明的人；只有会游泳的人才知道游泳是什么感觉，哪怕读了世上所有的文字和书籍，“旱鸭子”也只能对这种感觉有一丝微弱的概念；年轻人只有等到自己身为父母才能真正懂得身为父母意味着什么，这时他们会感叹“当时不懂”；我的牙疼和你的牙疼感觉是不同的。生活就是这样。或许我们应该说，对于生活的方方面面，我们都必须以体验作为认知它们的首要方式。没有什么能替代体验，完全没有。[①] 所有其他交流与认知的配件——语词、标签、概念、符号、理论、公式、各门科学，仅在人们已经拥有体验知识的前提下才能

① 尼尔斯·玻尔（丹麦语：Niels Bohr）很久以前就指出，可以用两种不同的语言来描述体验世界，一种是主观的、现象学的，另一种是客观的、“朴素实在论的”。两种语言都能够贴近日常生活的语言，却都无法完整地描述生活。但同时，两者都有其用处，都不可或缺。

精神治疗师早就学会区分这两种语言，将它们运用于不同的情境。比如说，在人际关系分析时，他们会试着指导来访者用不带谴责、不将自己的感受投射给对方的方式说“不知为何，在你面前我感觉自己很渺小”（或“被拒之心外”“生气”等），而避免“你不喜欢我”“你觉得自己比我强”“不要再支配我了”“你为什么总喜欢让我自惭形秽”之类的表达。也就是说，治疗师指导他们将自己的情感体验视为内在于自己的，而非像绝大多数人那样，不假思索地将其投射到外在世界。两种语言之间的区别显然至关重要，可惜此处无法深入探讨。（原注）

发挥作用。认知领域的基础金属货币是直接、亲密的体验认知。其他一切都可被比作银行和银行家、会计制度、支票和纸币，除非有真实的财富以供交换、操纵、聚敛并整理，否则它们都是无用的。

然而，人们很容易过分夸大这一简单的真理。比如，很难向一个先天失明者描述颜色，但这并不意味着语词全然无用，虽然有些人倾向于作此结论。另一方面，我们的确能够借助语词向已经拥有类似经验的人们传达、分享经验。参加过酗酒者互助会（Alcoholics Anonymous）、戒赌互助会（Gamblers Anonymous）、希纳能戒毒互助会（Synanon）等类似组织，并且“尝过滋味”的人们就能证明这两点：其一，语词在缺乏经验的情况下是无效的；其二，在有过相同经历的人们之间，语词能担大任。只有当自己身为人母时，女儿才能理解她们的母亲，真正友善地对待她们。不仅如此，为了把混沌无章的经验及其呈现的超经验世界整理、组织起来，语词与概念是必不可少的。

将这些考量纳入由原发过程[①]、无意识与前意识、隐喻式传达、非语言交流等交织而成的整个世界——宛若氤氲中一对舞者之间的世界——我们就得到了一幅更为丰富、完整的图景。在此之中，体验知识是先决条件，却不是全部，也就是说它必要但不充分。我们也因此避免落入将体验知识与概念知识二分对立的陷阱。我的观点是，体验知识先于语言—概念知识，但两者又构成阶层性的整体，相

① 参见第二章“意识、无意识与前意识”一节。

互依存。没有人胆敢以一种认知为代价而专注于另一种。我们可以证明，将精神世界包容其中的科学要强于排斥体验数据的科学。

以上这些断言也无论如何不会与“最低限度的”行为主义相冲突。根据这种行为主义对知识可靠程度的等级划分，公共知识理所当然地比私密的主观知识更可靠，应用于各种目的时也更具稳定性。心理学家们都意识到一种纯粹、孤立的内省主义（introspectionism）有很多缺陷，甚至是不可能的，并因此对主观知识小心警惕。我们都深谙幻觉、妄想、错觉、否认、压抑等诸多对认知现实的防御机制。可是，鉴于你没有我的压抑、我的错觉，当然可以将我的主观体验与你的主观体验相比较，来过滤掉我内心防御力的扭曲效应。可以说，这是最简易的检验现实的方式。为了确证知识由不止一个人所享，确证它不是幻想出来的，我们已经迈出了第一步。有鉴于此，我认为：①对于绝大多数心理学问题，我们应该（我们也的确是这样做的）从现象出发，而非从客观的、行为主义的实验室技法入手；②一般情况下，现象只是一个起点，我们必须一步步挪向客观的、行为主义的实验方法。比方说，为了科学地研究爱情这个我们知之甚少的对象，只用刻板、周密的物理主义方法，就如同只带着一把镊子、一个放大镜去探索新大陆。另一方面，局限于现象学方法则会牺牲部分确定性、可靠性，也是目光短浅的做法。

好的认知者

过去几十年的临床与实验心理学研究让我们清楚地意识到，成为一个优秀的认知者从逻辑上来说优先于做出良好的认知。能够扭曲认知的不只是各种心理病态，还有相对正常的未经满足的需求、隐匿的恐惧、典型的防御机制——它们在正常或普通人身上屡见不鲜。直到 20 世纪，我们才意识到这些扭曲力量多么强大。依我看来，我们从既往的临床经验与人格学研究学到了极为重要的两点：①心理健康的改善能让人成为更好的认知者，甚至是更好的科学家；②自我认知、自我洞察以及自我坦诚是改善健康、充实人性的绝佳途径。

换言之，我认为诚实地认识自己在逻辑上、心理上都优先于认识心灵之外的世界。体验知识先于旁观知识。如果你想看看这世界，那么让自己尽可能看得清、看得远，显然是有好处的。用一句命令来表述的话，可以是：让自己成为优秀的致知工具。像擦拭显微镜镜头那样净化你自己。尽己所能变得勇敢无畏、诚恳率真、自我超越。正如绝大多数人（或科学家）都没能成为他们能力范围内最勇敢、最真诚、最无私、最尽职、最超越自我的人，绝大多数人与能力范围内最优秀的认知者相比也差得远。

容我插入一个问题：这对科学家的培养以及非科学家的科学教育意味着什么？光是提出这个问题，就让我们不禁怀疑所谓的科学教育是否名副其实。

但是，我们必须把话讲完整，不能止步于此。诚实、直率、善良当然不错。诚实，可是然后呢？和一台干净的显微镜一样，真诚、可靠绝不等于知识。诚实是好事，事实上，诚实是成为优秀科学家的先决条件。然而，职业素养、专业知识、丰富的经验也缺一不可。健康是认知、行动的必需品，但远非充分条件。

也就是说，只有体验知识是不够的，只有自我认知和自我完善也是不够的。还有认知世界的任务有待完成，而且这绝非易事。更不用说我们还需要积累知识、赋予知识以条理——一言蔽之，我们还缺少旁观知识，缺少关于非人类对象的知识。

关于事物的旁观知识

正统科学家口中的“知道”是什么意思？别忘了在科学诞生之初，“知道”意为“认识外在的物理世界”，在正统科学家看来，它的意思亘古未变。它意味着观察某个不是你自己、不是人类、与你无利害关系、独立于你这个观察者的东西。你之于它，是陌生人、旁观者、芸芸观众中的一员。因此，作为观察者的你对它是全然陌生的，你不理解它，不同情它，对它没有认同感，即使你已经拥有对它的默会知识，也不知该如何以之为支点。你看着显微镜、望远镜，就像透过钥匙孔看着房间里，你在远处、在外头，窥视着，却无权进入被窥视着的房间。这样的科学家不是参与式的观察者。他的科学可以被比作观赏性的体育运动，而他是观众。他不必与被观察的对象互动，不必效忠于它，也不必投入赌注。他可以保持冷酷、疏离，毫无情感或欲望，他之于观察对象是全然的他者。他坐在看台上俯瞰赛场上的起伏跌宕，却不到赛场上去。理想状态下，他也不在乎谁赢。

即使看到了拨动心弦的东西，他也能够且应该保持中立态度。为了观察的真实性，他最好不要在某个观察结果上押注（无论赌它出现还是不出现），也最好不要对任何观察结果抱有期望。为了报告的真实性，他最好尽量保持中立，不结盟，不牵扯自身利益。当然，我们知道这种中立与“事不关己”在理论上几乎是不可能的。不过，向这样一种理想逼近是可能的，且断然不同于远离它。

倘若你读过马丁·布贝尔[①]，以便理解，我愿意把这种知识称为我—它（I-It）知识，而之后我将试着描述的知识则是我—你（I-Thou）知识。有时，对于事物，对于不具有可加以认同、理解的人之属性的对象，你除了获得我—它知识别无他法。也参见索罗金，他从另一个起点出发，得出了类似的结论。

我并不是在宣称，这一对于陌生对象的陌生知识已善莫大焉——非也，即便就外在事物而论。更敏感的观察者能够将世界的更多部分纳入自我，他们会把自己的认同感与共情向外延展、散播，囊括更多的生物体与非生物体。事实上，这种能力或许是高度成熟的人格最显著的特征。

---

① 马丁·布贝尔（Martin Buber，1878—1965），奥地利籍犹太裔哲学家、翻译家。他最著名的哲学著作《我和你》（*I and Thou*）探讨了“我和你”与“我和它”两种关系范畴的区别。

有可能，正是一定程度的这种认同，即变成认知对象，是认知对象，而不是身为全然外在的旁观者，使得相应程度的体验知识得以可能。鉴于这种认同可以被归入广义上的“爱”的范畴中，出于研究需要，我们可以将这种由认同增长知识的能力视为由爱增进认知的一个举例。或者，我们可以构想一个更一般的假说：对于对象的爱似乎能够增强对对象的体验知识；对于对象的爱的缺乏则会削弱对于对象的体验知识，虽然爱的缺乏很可能增加对于同一对象的旁观知识。

让我们通过一个常识性的事例阐明这一点。研究者甲痴迷于研究精神分裂症患者（或大白鼠、地衣[①]）。研究者乙则对躁郁症（或猴子、蘑菇）感兴趣得多。我们定能指望研究者甲会：①自愿选择（或偏向于）研究精神分裂症患者；②以更长的时间投入这份工作，更耐心，而且坚持不懈，也不太抱怨相关的苦差；③有更多关于精神分裂症患者的预感、直觉、梦境和启示；④更有可能做出该领域的重大发现；⑤病患跟他相处时会更自在，说他“懂”他们。几乎可以肯定，他在所有这些方面都会比研究者乙做得更好。不过请注意，只有在以体验知识为目标时，研究者甲的优越性才会充分体现。至于关于事物的知识，即旁观知识，研究者甲可能表现得好一点，但不至于超群绝伦。

如果只关心对陌生事物的旁观知识，我们几乎可以保证任何够格的科学家或研究助理都能以普通、常规的方式

---

① 地衣是真菌和绿藻门或蓝细菌的共生体，长在干燥的岩石或树皮上，有的寿命可达千年。

（如外部统计数据）积累一定量的知识，无论陌生事物是什么。坦白说，在如今这个项目、经费、团队和组织铺天盖地的年代，这种情况已成常态。有很多科学家可以受雇做各种研究，接下一个又一个彼此毫无关联且索然无味的工作。他就像一个优秀的推销员，因自己什么都卖得出去（不管喜不喜欢这个产品）而自豪，或像一匹拉车的马，拴上什么车就拉什么。

包括一些存在主义者在内的人们，对如今认知主体与对象之间的笛卡尔式割裂[①]做出了类似的描述。我们可以将这种二分称为认知者同认知对象相间离（distancing）或异化（alienation）。但愿之前的论述已经表明，除认知者与被知者、感知者与被感知物外，我还能设想其他类型的关系。我—你知识、体验知识、内省知识、爱的知识、存在认知（Being-Cognition）[②]、融合知识、认同知识（所有这些若非已经提及，将不出现在后文中），这些其他形式的“知道”不仅存在，而且更方便获得且成果多，能够带来更多可靠且有理有据的知识——如果我们想要获得的是对于某个人的知识，或关乎人类的一般知识的话，如果我们希望深入了解的是人，这条路便是我们不二的选择。

---

① 指形而上学中认知主体与外在对象的分离割裂，很大程度上源于笛卡尔将存在领域进行了“思维物”与“广延物”的二分。

② 在马斯洛的理论中，指通向对自我的充分体验与实现的认知。

体验的一些属性与特征

禅宗信徒、一般语义学者[①]以及现象学家们所描述的那种极其完整、丰富的体验，至少包括以下诸方面（我的主要资料来源是对巅峰体验的研究）：

1. 优秀的体验者“彻底迷失当下”——借用西尔维娅・阿什顿-沃纳[②]优美的表述。优秀的体验者暂时丢弃了他的过去和将来，完全活在此时此刻的体验中。他“完全在场”，沉浸、全神贯注、痴迷于此时此刻。

2. 自我意识暂时湮灭。

3. 体验没有时间性、地域性、社会性或历史性。

4. 在最完整的体验中，体验者与被体验之物以某种方式交融合一。这一点难以言喻，不过我将试着阐释一下。

5. 体验者变得更天真，像孩子一样不加怀疑地接纳一切。在最纯粹的极端情况下，体验者赤裸地置身于情境中，心平气和，没有任何期望或疑虑，没有任何“应当”或“必须”的念头，也不会将诸如体验应当如何，或何为正常、正确、恰当的先验想法掺杂于体验中。无论发生什么，

---

① 一般语义学（General Semantics）是哲学家阿尔弗雷德・柯日布斯基（Alfred Korzybski，1879—1950）创立的语义学学派。科日布斯基将一般语义学定义为研究神经语义和神经语言反应的科学，其目标为理解符号（语词）与现实（指称）之间的差异，以及语词何以影响（或操纵）人类有限的思考能力。

② 西尔维娅・阿什顿－沃纳（Sylvia Ashton-Warner，1908—1984），新西兰教育家、作家。

这个天真的孩子都全盘接受，而不会讶异、震惊、愤慨或否认，也不会有“改善”它的冲动。“无助”、瞠目结舌、无意志力、兴趣盎然且毫无私欲的体验者就这样被完整体验淹没了。

6. 完整体验尤为重要的一大特征是对“重要—不重要”的悬置。理想状态下，体验不具有相对重要或不重要、中心或边缘、必不可缺或无足轻重的差异性结构。

7. 恐惧（以及其他对自身利益的关切）消失了。因此，体验者毫无防备，体验畅行无阻地涌向他。

8. 意愿、斗争、努力也倾向于消失。体验自然而然发生，而非强求得来。

9. 对体验的批评、剪辑、怀疑、选择、拒斥、评估，对体验的源头或资质加以凝视，都倾向于减弱，在理想状态下甚至会暂时消失，推延至体验后。

10. 这就相当于无条件地接纳、吸收体验，被动地受其诱惑、蹂躏，信任它，任它发生，丧失意愿，不加阻挠，完全屈服。

11. 总而言之，这意味着将我们最引以为傲的理性的一切特性——语词、分析、逻辑、剖析、归类、定义的能力——被弃置一旁。所有这些过程都被推延了。它们在多大程度上干涉，体验就在多大程度上是不“完整”的。如此这般的体验更接近弗洛伊德所说的原发过程，而与继发过程相去甚远。在这一意义上，它是非理性的（nonrational）——虽然它无论如何绝非反理性的

（antirational）[①]。

人作为能动或被动的主体

将经典科学应用于心理学的一大问题是，经典科学只擅长把人当成客体来研究，而心理学需要把人当成主体。

做我们自己和我们主观历程的被动旁观者，就像是观赏一部电影。事情发生在我们面前，我们没有使得它们发生，我们感受不到自己希望它们发生的意愿，我们只是观看着。

做一个能动的主体［或施动者（agent）］则是另一番感受。我们参与其中，我们尝试、争取、付出努力，我们也会精疲力竭；当试着回想、理解、解决问题或刻意构想一幅图像时，我们会成功或失败，会感到自信或怯懦。这些体验都为一个有意志力、责任心和行动能力，能够自我掌控、自我决定的推动者所专享；而不属于一个受外部力量驱动与决定，被动、虚弱、无助、无能，需要仰仗外力，在指使与操纵下言听计从地存在的受动者。至少从表面上看来，有些人没有觉察到自己拥有这些感受，或者只有微

---

① 至于体验何以与理性相契合，可以考察“头脑风暴”这个简单的例子。“头脑风暴”的第一阶段允许人们抛出各种疯狂、不着边际的点子，只有到第二阶段才能开始批判。这与精神分析的“第一要则”（the Primary Rule）不谋而合。精神分析师会指导病患在自由联想时毫无保留地说出浮现在意识中的东西，不要筛选或删减。只有在表达出来之后才进行检阅、探讨和批评。这恰恰体现了“体验”作为认知工具的一种方式：它能为我们揭开其他方法无法穿透的一部分真相。（原注）

弱的感受，但我认为教会一个普通人意识到这种体验是可能的。

无论多么困难，这项任务是非做不可的。不然，我们就无法理解个性化（individuation）、真实自我、自我实现、同一性等一系列相似的概念。不仅如此，我们还将永远无法揭开意愿、自发性、功能完善（fully functioning）①、责任、自尊、自信等现象的面纱。归根结底，只有强调人作为能动主体的身份，才能将人的形象勾画为发起者、创造者、行动者的中心，并将其描摹成一个施动者，而非受动者。

似乎从各路行为主义之中都不可避免地浮现出这样一个人的形象：一个被动而无助的人，他（也许我该用“它”？）在自己的命运面前不置可否、无动于衷，也不作任何选择。或许正是因为这些心理学学说最终导致的哲学后果让许多人无法接受，因为人们无可否认的强烈体验竟遭忽视。此处就算引述科学知识何以与日常感知——如太阳绕着地球转——相矛盾的例子也无济于事，因为两者是不可比拟的。此处的事实是，我作为一个能动主体的至关重要的体验，取决于客观主义达到了何种地步——要么被全盘否认了，要么被消解为刺激与反应，要么因其“非科学性”（如脱离了体面科学的范畴）而被弃置一旁。必须打一个与之相称的比方的话，那得是否认太阳的存在，或坚

---

① 人本主义心理学的代表人物、美国心理学家卡尔·兰塞姆·罗杰斯（Carl Ransom Rogers，1902—1987）认为，一个功能完善的人善于调节并平衡自我，求知若渴，不断向着自我完善努力。

持太阳其实是别的什么，或否认太阳是可以被研究的。

假如实证主义、行为主义的拥护者不那么操之过急、固守教条、坚持一元论的排他立场，这些错误都是可以避免的。我丝毫不怀疑可测量、可记录、可重复的客观运动或反应往往是比主观观察更可靠、可信的知识形式。我也不是在质疑这一策略在很多情况下的优越性，或质疑任何人都拥有选择权。如今，我们往往必须从私人经验与口述着手，研究焦虑、抑郁或愉悦，只是因为目前看来没有更好的办法。假使有朝一日我们发现了一种可供外部观察、公众测量的焦虑或愉悦的相关变量（类似温度计或气压计的读数），心理学的新纪元就开始了。鉴于我认为这一愿景不仅是美好的，而且是可能实现的，我一直在朝这个方向努力。总而言之，我眼中的各类数据构成了基于可靠性高低排布的等级体系，而与这一知识的阶级制相平行的是同等重要的“科学发展的阶段或等级”[①]。

这一进路与以问题为中心的取向以及一种体验心理学、

---

① 有人在严肃评价某本书时不当心写出一句好笑的话，他称这本书是“对女性的性欲这一人们知之甚少的棘手话题所做的直截了当、胆壮心雄、周详缜密的研究”。昭然若揭的是，这里的“知”表达了一个特别的意思，作者选取了这个意思，但它不是唯一的选择。在体验的意义上说，女性的性欲可谓我们最“知”的东西了。难道还有其他现象激发了人们更多的好奇、揣测、论述，催生了更多谨慎而充满爱意的调研与个人关注吗？还有，在毫无个人体验的情况下，语言描述会有任何用处吗？这个例子不仅出色地表明了体验知识比抽象知识更强势，更凸显了仅有体验知识的局限性。如果原文的“知”指代结构化、体系化、可共享的公共知识，作者说得没错。关于女性性欲的“先进的科学知识”确实很贫乏，虽然这一现状是很容易改变的。（原注）

自我心理学等都是高度契合的。可以说，这遵循的是科学领域的“门户开放”政策而非排外政策，奉行的是一种包容的多元主义而非“真实的信仰”。任何问题都尽管提。一旦提出了问题，你便可以从这个特定的问题出发，竭尽所能探求它的解答，而不必受制于任何概念或方法论上的派别信仰——这些信仰可能会让人束手束脚，无法施展所有才能。此处几乎不存在规则，或者说，至少那些先验地具有约束力的规则是不存在的。若有创造方法的必要，则必须创造，任何具有启发意义的定义、概念框架亦然。唯一的要求就是要因时、因地制宜，向着解决问题而努力[①]。当然，我在此无意指导人们如何应对未来的所有问题，对那些认定只要继承老一辈的工具箱就能无坚不破、畅行无阻的教条主义科学家，我没什么敬意。

我也不想暗示一个科学家不该选择经典科学有所局限的目标作为志向。有些人就是讨厌在薄薄的冰面上滑冰，为什么不让他们做自己喜欢的事呢？假如所有科学家都喜欢同一个问题、同一种方法、同一套哲学，科学就有大麻烦了。这就好比所有人都想吹双簧管，交响乐团不得倒闭了？毋庸置疑，科学是合作的事业，有劳动分工，没有人能独挑大梁。不过，这还不是关键的问题。真正危险的是这样一种倾向：有些人容易把自己的个人喜好上升到信仰、形而上学的层次，把它们当成规范所有人的准则。只要人们继续执着于放之四海而皆准且排除异己的知识哲学、真

① “科学方法，就其作为方法而言，不过是想破头、使出浑身解数，没有什么招数是违禁的。”[珀西・布里奇曼 (Percy Bridgman)] (原注)

理哲学，以至于倡导关于人之本性的一元论，就会产生真正的麻烦。其中的道理很难讲清楚。很久以前，我试着跟一个只以巴西栗和卷心菜为食物的女人讲道理，就明白了这有多难。说再多都白费口舌，因为她得出的唯一结论是我对坚果、卷心菜抱有“偏见”。或者设想这样一个情境：一个男人的母亲送他两条领带作为生日礼物。他戴上其中一条讨她开心。她却问：“你为什么讨厌另一条领带？”我们都能体会到这个男人的困惑。

希纳能的启示

归纳知识永远无法带来确定性。它只能不断增加主观概率与客观概率。然而，体验知识确确实实能够是确定的，甚至可能是唯一的确定性，正如许许多多哲学家所认为的（让我们暂时忽略数学确定性的问题）。不管怎样，体验知识是真实的，而且对于心理治疗师而言，时而是确定的。

当然，上述陈述是值得商榷的，因为其正确性很大程度上取决于特定词汇的特定定义。不过，鉴于上述陈述所表达的操作性意义（operational meanings）在绝大多数临床心理学家、精神病学家、心理治疗师和人格学家眼中都足够明确，我们没必要深入考察这些争议，应该就能阐明它们在此语境中的意义。让这些意义更广为人知，势必能促进分别以人和非人事物为研究对象的两类科学家的相互理解。

希纳能戒毒会（Synanon）、酗酒者互助会（Alcoholics Anonymous）、“街角工作者”（street-corner workers）等

类似组织的运作模式为我们提供了绝佳的范例。这些亚文化团体背后的一大原则是，只有（康复了的）吸毒者、酗酒者才能充分理解其他吸毒者、酗酒者，与之深入交流，帮助他们恢复健康。吸毒者只对感同身受者敞开心扉。吸毒者只允许其他吸毒者认识自己。不仅如此，只有吸毒者才会殷切期盼治愈其他吸毒者[①]。其他任何人对他们的爱与理解都不够深刻。正如他们自己所言，“只有经历过相同磨难的人才能真正知道”。拥有相同的内部视角的认知经历的一大好处是，这些经历让人有把握、有能力通过知识的终极测试，即敢于将苦口的良药强加于他人，而免受恐惧、歉疚、冲突或矛盾心态的折磨。我在其他地方已指出，对应然性（oughtness）、必需性（requiredness）的感知，是清晰感知到的知识的真实性、确定性的内在后果，而随之产生的果敢、确定的行动，在必要时可以是坚决得不顾一切的“应然—感知”式的后果（苏格拉底式的后果）。（苏格拉底认为，恶的行径归根结底只能是无知的产物。我这里意在表明，善的行为需要善的知识作为前提条件，同时前者甚至可能是后者的必然的后果。）也就是说，从知识的确定性——加之一些种类的知识的确定性只能从体验中产

---

① 一切治疗都是自我治疗吗？他们想要继续治愈自己吗？有这个必要吗？他们是在通过这种方式给予自己爱和宽恕，或者拥抱自己的过去并将其吸收、转化为某种美好的事物吗？这难道没有表明其他助人活动，如心理治疗、学校教育、抚育后代，都可以在这一范式中得到新的诠释吗？还有，我们难道不会随之联想到那个深刻的问题——“任何认知，无论是否以人为对象，在何种程度上是一种通过认同达到的认知，即自我认知呢？这一视角能带来多大帮助？”（原注）

生这一事实，产生了成功、高效、果断、强硬、斩钉截铁的行动。

正是这类行动（或许也只有这类行动）能帮到吸毒者，因为他们在生活中往往以假面示人，以虚假的眼泪与承诺“欺诈”、引诱、巴结他人，并因此对他人抱有轻蔑之情。只有其他吸毒者，因为知道，才不会被蒙骗。我见证过吸毒者的假面被残忍、暴虐、横眉冷眼地撕破的模样，他们那些迄今为止瞒天过海的谎言和承诺，那些屡试不爽的防御机制，也都分崩离析了。我也见过那些体验过的人嘲笑别人的眼泪——在未体验过的人看来，这些眼泪酸楚而感人，但大家很快就会发现这些眼泪是夸张、虚伪、狡诈的。目前为止，这是唯一有用的做法。出于实际效用的考量，需要“号召”这一表面上的冷酷。因此，这种做法根本上充满同情心，而非残忍的施虐行为。比起制造了对“吸毒者”的惺惺作态的慈悲，比起“纵容他的恶习”，磨炼他的意志、让他有胆量转身离开，才是真正的爱。在这个“亚社会”（Subsociety）[①] 中，对社工、精神病医生及其他专家的轻蔑靡然成风。这个“亚社会”对“区区”书本知识、有学问的人、手握知识的证书但事实上一无所知的人丝毫不信任，并且心存憎恶甚至恐惧。这种态度本身或许是维持这一“世界”稳定运转的强劲的动力因素。在这个王国里，旁观知识无疑不同于体验知识且与之相对立，相形之下倍显拙劣。由于这一差异带来了切实的影响，我们不得

① 指大社会中有持定互动交往模式的小社会。

不承认它真实存在。

如果说这个案例还能给我们带来什么教益的话，我希望大家注意一个疯狂的事实：至少就我所知，希纳能等类似疗法治愈了许多参与的吸毒者，而另一方面，我们的医院、医生、警方、监狱、精神病医生和社工齐心协力，却一个人都没治好。更奇怪的是，这一不仅无效，甚至还可能在帮倒忙的体系，受到了整个社会各行各业的支持，耗费了大量的钱财。与之相对，至少据我所知，真正有效的方法几乎没有得到官方一分钱的资助，而且专业人士、政府、基金会在台面上对其不屑一顾，或是旗帜鲜明地反对。出于显而易见的原因，前吸毒者通常没有受过高等教育或专业训练，因而没有传统意义上的资历和地位。于是他们找不到工作，得不到资助，尽管他们是目前唯一有效的心理治疗师①。

在一个墨守成规的世界里，实际的成功似乎无法替代“常规的职业或科学训练”，尽管这已经导致了停滞不前。“如何治疗”课的 6 个学分比实际的治愈更重要，就像在一些地方，在和平队（Peace Corps）②的两年支教经验也不足以让你通过“如何讲课”课程的考核。就这类指称物与所

---

① 类似的情况不一而足，毒品和酒精只是其中两个较为人所知的例子罢了。我们正逐渐意识到，在许多情况下，非裔更擅长解决非裔的问题，印第安人、犹太人和天主教徒同理。推而广之，我们可以得出更普遍的结论，推及女性、孤儿、痉挛性麻痹症患者、同性恋者等，虽然在某些群体身上，这一规律没那么明显。（原注）

② 由美国政府创建的帮助发展中国家的志愿服务组织。

指现实、地图与领土、奖章与英雄、大学学历与受教育的人之间的混淆，我还可以举出几十个例子。你们可以在一般语义学的文献中找到许多。或者想想婚姻指导师所表明的，在一门关于婚姻的课程中得 A 多么容易，拥有一段美好的婚姻又有多难。

类似的情况在科学领域也屡见不鲜。在许多时候，体验知识大有裨益，甚至不可或缺，旁观知识则仅有辅助的用处，而无法替代体验知识。

希纳能的故事揭示了官僚主义科学最根本的荒谬之处：部分真理难逃被贴上“不科学”标签的命运，而只有那些由手持官方证件、身穿制服的“真理采集者”根据因袭的“合法”手段或仪式发现的真理，才能被冠以真理之名。

难道只有那些持有文凭的哲学博士、医学博士、专业人士才可以成为才高智广、博学多识、洞观世事的人，才可以做出发现、悬壶济世吗？难道只有被主教的手赐福过，才能被准许进入至圣所，宽恕世人的罪恶吗？将大学文凭列为那么多职业的必备条件，而不追求职业所需的真正的教育、知识、技能和才干，真的是明智之举吗？课堂真的是教育的最佳场所、唯一场所吗？所有的知识都是可以通过语言传授的吗？课本、讲座真的能够囊括一切吗？所有的知识都可以通过笔头测试来检验吗？有任何一位母亲必须听从任何儿童心理学家的指教吗？牧师应该掌管所有宗教体验吗？要成为诗人，就必须把“创意写作导论”“中级创意写作”“创意写作进阶”课都上过一遍吗？由持证专家、职业家装设计师选择的客厅，就会比我自己的选择更加讨我喜欢吗？这一连串拷问或许有些走极端了，却是我刻意为之。我只是希望大家时刻警惕包括教会在内的官僚化、政治化的组织，虽然它们的必要性也是有目共睹的。只有时刻铭记技术人员一不小心就会变成具有手段的专家而把他的原本存在目的抛在脑后，技术人员才能真正为我们所用，我们才能避免“专家统治”的祸患。[①]

使人眼盲的知识

我们还可以从另一个角度考察这一系列问题。我和妻子编了一套“马斯洛艺术测试”，通过测试人们察觉艺术家风格的能力，来评估整体感知与直觉的水平。我们发现，多见于艺术系学生、职业艺术家的“艺术知识”，有时能提升人们在这一测试中的表现，有时却适得其反。感知风格的最佳方式不是去分析、拆解艺术品，而是顺从直觉，从整体上感知。比如，已有一定证据表明，快速反应往往比精细入微的长时间研究更准确。

我将对整全性质的整体性感知的先决条件称为“体验的天真”，指的是愿意并能够直接地体验，而不以某些特定的“知道”方式为中介。这意味着克服我们一切将事物标签化、拆解为各个组分，并以知识取代感知的倾向。毕竟，整全的性质是弥散于事物整体的，一旦拆解便灰飞烟灭了。

因此，那些仅在分析性、原子式、分类学和艺术史的

---

① 曾有人把技术定义为“将世界安排成如此这般，以至于我们无须体验它的狡计”。（原注）

层面上“知道”艺术的人，更难感知并享受艺术。另外，我们必须承认这样一种可能性，即纯粹分析性的教育甚至会削弱人们原有的直觉。（传统的数学教育便是个贴切的例子：孩子们都被训练得对数学的美感与奇妙视而不见了。）在每个知识领域中都存在一些此类“眼盲的知者”——对花朵的美丽视而不见的植物学家，把孩子们吓跑的儿童心理学家。讨厌人们来借书的图书馆员，对诗人颐指气使的文学评论家，用枯燥的教学毁了一门学科的老师，等等。有些博士生是“持证的傻瓜”，有些伪学者发表文章只是为了在学界苟延残喘——这样的人若是参加派对，想必会有女孩交头接耳：“他太无趣了，除了事实什么都不知道。”话虽如此，某些尊奉感受、情绪、直觉与冲动的艺术家、诗人或“歇斯底里”的人，某些宗教信徒和神秘主义者也别矫枉过正了，否则下一步便是拒绝知识、教育、科学和智力，认为它们必然摧毁本能的感受、淳朴的直觉、自然的虔诚与天真的颖悟，而唯恐避之不及。我认为人们大大低估了这一反智观念多么根深蒂固，甚至一些知识分子自身也有反智情绪。我认为，我们文化中两性之间深刻的相互误解，便可部分归咎于反智观念。近来的历史也表明，反智情绪能够催生出恐怖的政治理念。

然而，分析性、机械论的正统科学也难以自辩清白；反智主义的论调不尽是空穴来风。另一方面，一种更兼容并包的科学观，将殊异的、体验的、道家的、综合的、整体的、个人的、超验的、终极的科学全都囊括在内——的确能够回应这些指控。

以我们的艺术测试为例。假设进一步研究将确证我们强烈的第一印象，那么便可以说存在这样一些人——他们的颖悟、直觉与感知风格的能力因教育和知识而提高、丰富了。他们通过某种方式将合法、抽象、陈述性知识融入了对个体实例的体验中。他们的知识辅助了感知，让他们的感知更丰富、复杂、愉悦。在极端情况下，知识甚至能让现实中超验、神圣、神秘、终极、不可思议、令人肃然起敬的部分凸显出来。我们还发现，就连许多人认为仅与天真、不谙世事相伴而生的至人圣性（saintliness），也可以从知识、精于世故中涌现，如果此处知识的意义足够宽泛的话。（这一观察结论，或者说假说、猜想，是我从对自我实现的人们的研究，以及对心理治疗效果的研究中推导出来的，而非艺术测试的直接结论。）

是否只有那些将智慧、良善、颖悟和学识融为一体的“智者”才能够保留这一“体验的天真”“创造的态度”、像孩子一样心如明镜地观看的能力——不受先验期望与要求的束缚，不事先知道自己将看到什么？我曾试着理解这何以发生、为何发生，但如何将抽象知识转化为更丰富的经验依然是个谜，因而是个亟待挖掘的研究课题。退一步观之，有个更宽泛的战略性问题是：知识何时隐匿，何时揭示自身？

体验的“证明”

在体验的王国，“证明”这个词能是什么意思？我如何能向别人证明？比如说，我正体验着一种发自肺腑的感动，这怎么能得到“证实”——如果我们取这个词通常的外在意义的话？当然，对于我这个确确实实强烈地体验着的人，体验是确凿无疑的。问题是如何向他人证明？有什么我们共享的外在事物，供我们同时指向它吗？该如何描述、传达、测量、化为言辞？

这些问题尤为困难。许多人曾说体验难以言喻、只可意会、不可名状，科学家对此无能为力。然而，这些困难往往是抽象世界而非体验世界带来的后果。一定程度的某种传达是可能的，却并非那种如化学家之间的传达。为了达成某些目标，抽象、毫不含混的言辞交流或许不如隐喻、诗意、美学的原发过程技巧来得有效。

第 七 章

抽象化与理论化

至此我已详细阐述了体验知识之于抽象知识的优越性、必要性与先在性，本章将探讨的是抽象知识的闪光点、必要性与玄妙之处。但愿我的主旨已经很明确了。真正危险的是将抽象知识视为与体验知识截然相对的，把抽象化的系统搭建成脱离体验的空中楼阁。或者可以这样说，对立于体验知识的抽象知识是错误的、危险的；以体验知识为基础并与之融会贯通的抽象知识则是人类生活的必需品。

当我们组织、诠释体验，将体验知识编织成格式塔式的整体，以便能力有限的人类能够承载、理解体验而不至被淹没时，我们就已经在进行抽象化了。正如我们的短时记忆能容纳七八个独立的对象，我们即刻的感知能包含六到八个相互分离的对象簇。这是我能想到最简单的将许多对象进行整体式分类的例子。只要让这些组别包含越来越多的对象，有限的人便有可能通过一个统一的感知将全世界纳入脑中。与这种感知模式相对的是全然的混乱，独立的事物之间不存在任何秩序、聚集或联系。这样一个世界在某些方面就像是新生儿眼中的世界，在另一些方面又像是恐慌发作的精神分裂者眼中的世界。无论如何，人们几乎不可能长时间忍受这样一个世界并与之共存（虽然短时间内可以是愉悦的）。如果考虑到在生活实践中，我们必须立足于世界之内，应对各种各样的事态，在各式各样的互动中持存，抽象化的重要性就更显著了。所有的手段—目的关系，所有对手段与目的进行分辨的感知，也都属于抽象的范畴。纯粹具象的体验无法以任何方式将一个体验与另一个区分开来，更不要说辨别它们的相对重要性，或将手段与目的的相对关系梳理成阶层性的体系了。所有这些对我们体验到的现实被分门别类地整理过程都属于抽象，所有对相似性与差异性的觉知亦然。

换言之，抽象性绝对是生活本身的必需品。充分发展人之本性，使其达到最高点，也需要抽象。自我实现必然蕴含着抽象性。若是没有符号、抽象与语词构成的整个系统，若是没有语言、哲学和世界观，人类的自我实现几乎是无法想象的。

切记，我所批判的是与具象性割裂、对立的抽象性，而非与具象性和经验相辅相成、交融一体的抽象性。可以联想一下当代哲学的境况。比如，克尔恺郭尔和尼采这两位代表人物所批判的不是整个哲学，而是哲学中那些早已与真实的生活体验一刀两断的抽象体系。存在主义与现象学的一大要旨便是拒斥这些大而空泛、流于语词的先验、抽象哲学体系。这些哲学家想要回到生活本身，回到那些具体的经验——如果抽象不想成为死水一潭，就必须以这些经验为源流。

此处有必要区分两种归纳（generalization）或理论，一种是基于经验的，另一种是先验的。前者不过是对体验知识的组织与统合，方便我们有限的大脑加以理解。先验理论则省力多了。我们可以凭空编出一个先验理论，不必援引体验知识，也不必考虑有哪些领域仍是未知的。先验知识一般呈现为确定无疑的，这无异于冒天下之大不韪而否认人类的无知。真正的经验主义者或心系经验的外行人，都会时刻留意自己知道什么、不知道什么，也对自己所知之物不同的相对效力心知肚明。经验理论懂得谦虚、谨慎。经典的抽象、先验理论不需要谦虚。它可以是狂妄自大的，且往往确实如此。可以说，一旦脱离了经验基础，一旦从其旨在解释、组织或赋予意义的经验分离出去，抽象理论或抽象体系就成了功能上自主的。从此以后，它便作为一个自在自为的理论，唱“独角戏”去了。与之相对的经验理论或经验体系则紧紧扎根于经验事实，将这些事实编织为便于理解、掌握的统一体。因此，当新信息涌现时，这样的理论可以轻松地自我改变、自我调整。换言之，如果它的任务是诠释、组织我们对于现实的理解，那么它本质上必然是一种变动的东西，因为我们对现实的理解是变化无常的。更进一步说，随着知识体系的改变与增长，上层建筑也必须做出相应的调整。在这里，理论与事实之间包含一种相互反馈的机制；自给自足、功能上自主的理论或系统中，则完全不存在这种反馈。

为使这一差异性更为凸显，可以援引之前所做的一个区分，即戈尔茨坦所描述的化约为具体，与我所描述的化约为抽象。研究表明，自我实现者通常兼具两种化约能力，这一点值得深入剖析。

这个话题还能延伸到另一个维度来探讨。在某种意义上，我认为接受体验的优越性与逻辑先在性，正是经验主义精神的一种表现形式。科学的源头之一、科学赖以生长的养料之一，便是不盲从信仰、信任、逻辑或权威的决心，以及自己去看、去检验的意愿。经验时常告诉我们，逻辑的、先验的确定性，或亚里士多德的权威是不符合事实的。这里的教益很明确。首先，在做其他所有工作之前，请用自己的眼睛看看世界，请亲自体验。

还有个可能更为贴切的例子：经验主义态度或科学态度在儿童身上的发展。这里首要的命令是“让我们自己看看”或“你去亲眼瞧瞧”。对于儿童而言，这一命令与盲目信任截然相反，无论信任的对象是父母、老师还是书本。说得严厉些，这一命令就是“别相信任何人，切勿以耳代目”，温和一点则是“检查以确保无误总是有利无害的；感知有个体差异，有些人看到的是这样，不代表你看到的也一定如此”。这是在教导孩子，自己的感知才是最终的裁决者。这大概就是经验主义态度的要义所在了。首先是体验意义上的“知道”，孩子们接着学会感官检查和体验知识也会出错，然后才是抽象、理论等经典科学的范畴。事实上，客观性这一概念（在这里意为把知识公开分享的必要性——除非至少有几人也拥有这一知识，就不要完全信以为真）或许不是简单的初概念，而是从原初的经验原则，即通过亲身体验来检验并衍生出来的。原因在于，公共知识构成了一种经验的检验，本质上是他人用自身的体验来检验你自己的私人体验陈述。假如你在沙漠中意外发现了金矿，或遭遇了某种怪异生物，你的体验知识或许是确定、有效的，但你很难劝服他人在毫无凭据的情况下相信你的说辞。在这种意义上，客观的公共检查就是“自己去看”的延伸。持经验主义态度的人坚信基于经验的理论、系统优先于先验，并继而坚持经验理论应该紧贴事实，并将现实维系成一个统一的整体；教条主义者则是这种态度的对立面。马克斯·伊斯门（Max Eastman）在自传中称自己是苏联知识分子的反面，是一个“粗俗的经验主义者，把社会主义当成一个假说，当成一个应该尝试的实验”。他对苏联的理论家没有耐心，说在他们身上感到“一股神学而非科学的气氛”。我本人出于类似的原因批判过宗教建制。绝大多数体制性宗教都自诩是受启示的宗教，也就是说它们基于某个最早的先知对完满、终极、绝对真理的愿景，因此没什么其他值得学习的了。不需要持有开放的态度，不需要检验、实验，甚至没有进步的需要（毕竟已经完满了）。

这可谓是经验主义态度最极端的对立面。与之相反，温和的反经验主义态度则十分普遍，甚至可以说是全人类的通病。对于这一指控，我甚至无意赦免任何一位职业科学家。经验主义态度本质上是谦逊的，但许多甚至绝大多数科学家，在他们自主选择的职业领域之外也都不够谦逊。绝大多数科学家，当他们冲出实验室大门时，也都怀揣着各种先验的信仰与偏见（其中关乎科学自身本质的就已罄竹难书），与某些神学家不相上下。我认为这种谦逊是经验主义态度或科学态度的决定性特征，包括能够承认自己对许多事情无知，以及人类全体也在许多方面是无知的。一旦接纳这一事实，你便必然会成为一个原则上更愿意学习、渴望学习的人。这意味着你会向新数据敞开心扉，而非拒之门外。这意味着你心甘情愿做一个天真无知的人，放弃对全知的奢望。归根结底，这意味着你的宇宙将稳步扩展，而那些“什么都知道”的人的世界将永远静止。

本章最初的目标是要在知识与科学的领域为体验数据找一个位置，而现在似乎已经超额完成了任务。但我相信，强调体验数据的重要性最终巩固了经验主义态度，且不但不会削弱科学，反而会使得科学更加坚挺。相信生活的任何方面都无须将人类的心智驱逐出去，最终也将扩展科学的领地。

第 八 章

全面科学与化简科学[①]

---

① 原文为 Comprehensive Science and Simpleward Science

将主观体验纳入科学家们（在我们的定义中，科学家们想知道的是现实的全部，而不只是公共共享的部分）可知的现实世界，至少会引致两大后果。其一，体验知识的直接性与我所谓“旁观知识”的疏远性之间的差异就昭然若揭了。其二，可以认为科学工作有两种不同的方向、目标或极性：一极指向纯粹的简单浓缩，另一极指向完全的兼收并蓄。

硬要说科学有什么首要规则的话，依我之见，就是担负起接纳并描述一切现实——所有的存在，所有符合事实之物的责任。在考量其他方面之前，科学首先必须是综合的、无所不包的。它必须把自己所无法理解的，尚无理论加以解释的，无法测量、预测、控制或整理的全都纳入自己的辖域。它甚至必须接受那些矛盾的、不合逻辑的、神秘的、模糊的、模棱两可的、原始的、无意识的，以及存在中所有难以言喻的方方面面。理想状况下的科学是完全开放的，不排除任何东西。它不设“入会标准”。不仅如此，它还会包容所有层次、所有阶段的知识，包括不成熟的知识。知识有其自己的胚胎学，知识不能将自身局限于成熟的终极形态。不甚可靠的知识也是知识。不过，言归正传，我此处想强调的是，必须将主观体验囊括在这一无所不包的存在领域，并进一步探索这样将带来哪些不同凡响的后果。

当然，不成熟的知识往往不太可靠，难以传播、测量，等等。当然，科学进步发展的一个推动力是追求更公共、更“客观”。这条路上有我们都甘之如饴的共享的确定性，而且在通常情况下，这条路是最可能通往技术进步的。倘若我能发现快乐或焦虑的外部表征，或者某种主观感受的“试金石”，我就死而无憾了。然而，尽管缺乏此类客观测试，快乐和焦虑仍存在着，在我看来否认它们存在的人是愚蠢的。对于这些愚不可及的人，我无话可说。断言我的情绪、欲望不存在，无异于声言我不存在。

一旦迈出这关键一步，一旦承认体验数据是知识的一部分，因而也是（综合性）科学的一部分，一系列严肃的问题、困难与悖论便接踵而至。一方面，无论是在哲学上还是科学上，我们似乎都必须从体验出发，因为对我们每个人而言，所有数据中最确定、最不容置疑的正是部分主观体验。对精神分裂症患者而言尤甚，他们的主观世界甚至会成为唯一可靠的现实。另一方面，就算是精神分裂症患者，也不愿意被囚禁在主观世界里，他们会拼命打破围墙，一旦抓住外在现实便不肯松手。人人都是如此，几乎一生下来就渴望认识头脑之外的世界，努力在外在的“现实”世界扎下根。我们不仅希望无所不知，更希望全方位地“知”。头脑之内的世界充斥着太多变化与波动，就是不肯静止下来。我们总是猜不透它的心思。此外，它明显被“外部”发生的事情影响着——不只是自然世界，还有社会世界中的人们在召唤我们走出自己私密的小世界。襁褓中的我们依恋着母亲，母亲也依恋着我们，一个自我之外的世界就此初现雏形。通过这样的方式，我们开始分辨哪些主观体验由他人共享，哪些独属于自己。最终，我们学会把与共同体验相关联的世界称为外部现实——这个世界里的事物，可以供我们指给彼此看，可以同时赋予我们相似的体验。我们发现这个外部世界的各个方面都不以我们的愿望、恐惧、注意力等为转移。

可以将作为整体的科学或知识视为对所有这些共同体验编目、净化、组织与整合的产物。经过简化与统合，这些体验才能为我们所理解。然而，这一一元论取向，这一对简单、简约的狂热追求，这一把许多小公式统一为一个无所不包的终极公式的渴望，已渐渐成为科学乃至知识的代名词。

许多人对科学的长远目标仍有误解，他们认为科学的理想形态与决定性本质是那些包罗万象的定律、优雅而简洁的数学公式、纯粹而抽象的概念与模型、不可化约的终极元素与变量。这些终极抽象成了他们眼中最真实的现实。表象背后的现实是推断出来的，而非直接感知到的。设计图比房子更真实。地图比领土更真实。

但我想说的是，这只是科学发展的可能方向之一，只是它渴望逼近的限度之一。另一个发展方向是兼容并包，是真正的整全性——囊括一切具体的体验，一切体验中细密、琐屑、丰富、审美的部分，而不需要进行抽象[①]。让我再次提醒，任何抽象都会损失部分具体的体验现实。但是另一方面，同等重要的是，除非我们想彻底发疯，放弃在世的生活，抽象是绝对必要的。我个人走出这一两难困境的办法是，要知道什么时候自己是在抽象，什么时候是扎根于具体的，并且要能兼具两种能力，两者都能享受，同时意识到它们各自的价值与缺陷。这样一来，我们就能如怀特海[②]所言，“追求简单性并置以怀疑”。将体验数据接纳为科学数据的确会带来麻烦。不过，如果我们让两个世界融为一体，许多麻烦就消失了。我们一方面有传统的科学世界，将多种多样的体验组织、整合起来，追求简单、经济、整洁的统一体。另一方面，我们也接受主观体验的世界，承认主观体验也是存在的，也是现实的一部分，值得我们深入探究，并且是可能被我们理解并组织起来的（更何况我们还有科学的首要规则——将一切存在接纳为真实的，即切勿否认任何现实，即使我们无法理解、解释或

---

① “……科学应该坚决反对一切限制其领域的事物，反对一切武断地束缚其手段与视角并进而阻挠其追求知识的事物。”虽然行为主义做出了很有价值的贡献，我相信时间会证明它同时也带来了不幸的桎梏。将自身局限于可观察的外在行为，将意义、目标、内在的体验之流都排除在外，在我看来无异于对人类世界最壮美的景致闭上眼睛……

“与之对立，我现在所说的这种取向则向心理领域的所有现实敞开怀抱。它不会自我设限、自我抑制，而会将人类体验巨细靡遗地纳入科学研究。”（原注）

② 阿尔弗雷德·诺斯·怀特海（Alfred North Whitehead，1861—1947），英裔美籍数学家、哲学家，创立了“过程哲学”的形而上学进路。

传达）。

因此，科学有两大方向、两种任务。它一方面朝着抽象性（统一性、简洁性、经济性、整合性、律则性、可理解性）迈步；另一方面也向着综合性进发，意在体验一切，描述所有这些体验，接纳一切存在。我们也可以通过诺思罗普[①]等人所探讨过的两种现实来阐释这一点。体验世界存在，囊括所有的体验。它是一个经验的、现象学的、审美体验的世界。另一个世界则是物理学家、数学家、化学家的世界，它包含了抽象产物、定律、公式、预设系统。这个世界无法被我们直接体验，而是寄生于体验世界之上，从体验世界推断而来，又反过来便于我们解开体验世界的矛盾，赋予它结构与规律，进而理解它。

物理学家眼中的抽象世界比现象学家眼中的世界更真实吗？为什么有人会这样想？反过来倒是更合乎情理。我们确实体验到的此时此刻的存在，当然比公式、符号、标志、蓝图、语词、名称、图式、模型、等式等更真实、更直接。同样的道理，当下存在的事物比它的起源，比我们推断出的它的组成部分、原因或先行者，都要来得真实。退一万

---

① 通读诺思罗普的一系列著作，可以整理出两组语汇，它们分别描述两种不同的知识或世界。一组称为悬设概念（concepts of postulation）：物体的理论要素、理论连续体、理论上的已知、科学上的已知、推论产物、理论推论产物、推论出的现实。与之相对的则是审查概念或直觉概念（concepts by inspection or by intuition）：物体的审美要素、审美连续体、不可言喻之物、纯粹事实的给予、转瞬即逝的感觉材料、经验上的已知、印象上的已知、直接理解之物、经验上的直接、纯粹事实、纯粹经验、直接体验之物、纯粹观察、感官性质。（原注）

步说，我们起码必须拒绝将现实定义为仅是科学的抽象。

经验理论与抽象理论

从全面逐步归为简单的连续谱可以帮助我们更好地理解“经验理论”与“构建（或抽象）理论”之间的重要差异。前者往往是科学家力图包罗万象（同时努力对错综复杂的事物进行梳理、归类，以便有限的人类能够理解）的表现。换言之，这样的科学家以归整而非解释为己任。

林奈生物分类法便是个经典的例子。最初的弗洛伊德体系，在我看来也属于“经验理论”。它最首要的身份似乎是个分类系统，就像一个文件归档系统，让诸多临床发现找到各自的归属。

抽象（或建构）理论则不像经验理论那样忠于事实，而是很大程度上受系统属性所牵制。原则上，它可以罔顾事实；抽象理论可以是任意构建出来的，如非欧几何。在这个意义上，一个好的理论应该以数学家精彩的示范为榜样。它要尽可能精简，最理想的情况下只有一个单独的等式。就像一个优秀的逻辑系统，它只遵从自身给定的规则。它可以有用，也可以没用；说到底，它没必要有用。这类纯粹理论往往先于事实，好比一件为某种幻想中的、不存在的物种设计的怪诞衣裳，日后有可能被用于某个难以预料的目的；又好比一种人工合成的新型化学成分，它的用处还有待发现甚至发明（“我找到一味良药，可它能治什么病呢？”）。

一个好的经验理论可能自相矛盾、过于复杂、不够融贯，其中的范畴部分重叠（而非互斥），定义模糊不清、模棱两可；若是以抽象理论的标准观之，它很糟糕。经验理论的第一要务是，囊括其辖域中某处的所有事实，即使这会导致松散、邋遢的样貌。

一个好的抽象理论强调的则是科学的化简、规整功能。

换言之，理论构造领域也彰显了科学任务的二重性。一方面，科学必须接受并描述“事物之所是”，即现实世界的本来样貌，无论我们能否理解、解释它，无论它是否有意义。事实必须先在于理论。另一方面，它又以简单、统一、优雅为理想，稳步向凝练、简约、抽象的公式迈进，以描述现实的本质，勾勒其化约到不可再化约的骨架结构[①]。然而，优秀的理论最终必须两者兼顾，或至少要同时向这两个方向努力。更确切地说，一个优秀的理论家两者兼顾。这两种成功都能给他带来满足，一箭双雕更是莫大的乐事。任何科学理论都不仅具有系统属性——它们规定了什么是“好理论”，而且具有经验层面的决定因素。也就是说，科学理论的目标不仅是要成为好理论，还要如实地描述存在并加以组织。它需要忠于现实的本质，并且试图通过简化与抽象使之更易理解。如果我们充分承认任何科学理论的本质都是双重的，就不会惧怕精神分析等粗糙的经验理论。弗洛伊德体系的要旨是描述杂多的经验，远非

---

① 以地图、公式、纲领、等式、蓝图、抽象艺术、X光图、轮廓、缩写、摘要、总结、符号、指示符、卡通画、速写、模型、骨架、计划、食谱为目标。（原注）

脱胎成一个正式、优雅的理论。然而，它并非正式、并非假说演绎这一事实，相对于它正确且有条理地描述了各种各样的临床经验这一事实，是次要的。我们首先要问的是它是否描述准确、忠于事实，而非它多么优雅、多么抽象。我想，绝大多数具备资质的人——也就是有足够相关经验，受过专业训练的人——都会认同弗洛伊德的一系列临床描述几乎都是属实的，即他所收集的“事实”几乎都为真。我们无法否认这一点，即使他编织宏大理论、构建“系统”的尝试值得商榷，或应被拒斥。

归根结底，一位科学家的首要任务是描述事实。如果这一任务与“好系统”的目标背道而驰，那就让系统一边去吧。只有在事实的基础上才可能进行体系化、理论化。如果你认为对于“事实”定义含混不清的话，我们还可以说，科学家的首要任务是真实地体验存在之物。吊诡的是，人们常常遗忘这一自明之理。

系统属性

为了避免科学世界的诸多混淆，我们需要意识到“系统属性”（system properties），即内在于思想的理论、抽象结构中的属性，仅适用于科学思想的简化取向。它们无法被归属于全面的体验世界；这个世界对科学提出的唯一要求是对存在之物全盘接纳。至于体验是否有意义，是否神秘、不合逻辑、相互矛盾，在体验领域是无关紧要的。我们也不被要求将体验组织整合起来，加以测量权衡，或以任何方式建立体验与体验之间的关联。这里，我们的理想是一双天真的眼睛，是对绝对全神贯注地体验。任何其他过程或活动都只会减损体验的真实性，并对感知这类真理构成阻碍。

理论、抽象体系的理想模型是类似欧式几何[①]的数学或逻辑体系，但为了更贴合此处的论述，让我们以洛巴切夫斯基（Lobachevski）的几何或其他非欧几何体系为例，因为它们更加独立于现实，更加脱离非系统性的决定因素。谈论这些体系时，我们可以罔顾真（truth）、现实（reality）、真实性（veridicality），说某个理论是个“好”理论，仅仅因为它内部融贯、无所不包、简洁优雅、凝练。一个理论越抽象，也就越好。理论中的每个变量，每个可分割的方面都有且只有一个名字，而且这个名字不为其他东西共享。除此之外，它们还是可定义的。我们可以确切地说出它是什么，不是什么。这样的理论在抽象程度最高的层面上，把一切系统内部的存在囊括在一个单一的数学公式中。每条陈述、每个公式或等式都只有一个含义（不像插图、演说或油画那样可以有多重含义），并将这个独一无二的含义传达给每个旁观者。显然，一个好的理论是一种归纳。它将不计其数、穷举不尽的相互分离的实例分类、组织、简化并赋予结构。它并不是指任何一次体验、一个物件或客体，而是指诸多事物或体验的范畴与种类。

构建这种系统可以是一种自在自为的游戏，而且人们

---

① 指欧几里得建立的几何公理，主要来自欧几里得的《几何原本》构造的几何学。

的确常把它当成与现实毫无干系的头脑操练。你可以凭空捏造一个理论来囊括一类对象或事态，甚至某个想象出来的世界——先随心所欲地下定义，再做一番肆意妄为的操作，便可以从中推导出各式各样的结论。这样的系统恰恰是我们许多“科学”术语和概念的归宿。我们的“定义”（尤其是“准确、缜密的定义”）便属于抽象世界，因而是系统属性。它与切实的体验毫无关联，驴唇不对马嘴。对泛红（redness）或疼痛的体验是它自身的定义，是它自身的感觉属性或如此这般的本质。它是其所是。它是自身。推而广之，一切援引超越切实体验之物并对体验分门别类的过程，都已经与体验割裂开来了。其实任何抽象过程都是如此，因为抽象的定义便是将如此这般的体验捣碎，撷取一些，又丢弃一些。完全沉浸在体验之中的人则不忍丢弃一丝一毫。

“定律”与“秩序”等概念也属于系统属性，“预测”与“控制”等亦然。任何“化约”都只可能发生在某个理论体系之内。

体验与标签化

许多年前，我的艺术家妻子的愠怒让我开始反思自己身为科学家强迫性的分类习惯。比如，每当我欣赏某种鸟类或花卉树木时，总是会问它们叫什么，仿佛不问就没法挑起话头。仿佛我光欣赏、享受还不够，必须做一番智性劳动才能满足，而且这种“智性劳动”常常干脆排挤、替代了对“事物如其所是”的沉醉与深思。我把这种挤兑掉真实的感知与体验的分类过程称为“标签化”（rubricizing）。我们对真实体验到的世界进行组织、整合的努力有时是正常或健康的，但有时也会走向病态，演变为标签化。读者大可把我当成前车之鉴。我有时发现自己在美术馆也会出现“标签化”的行为，先看名牌再看画作，就算看画时也没有在真正地感知，而是顽固地为每一幅画贴上标签：“哦！一幅典型的雷诺阿的画作，没有反常与惊艳之处，辨识度高，却也无法夺人眼球，不用驻足研究了（因为我早就“知道”它了）。真是无聊……还有啥可看的？”还有一次，我的目光落在了一幅绝美的画上，我沉浸其中，痴迷不已，后来才惊讶地发现它是庚斯勃罗（Gainsborough）的作品——可谓最老掉牙的画家！假如我先看画家的名字，我大概不会真正看到这幅画，因为我脑海中先验的分类、归档系统早已断定庚斯勃罗不会给我带来愉悦，不值得一看。

还有一次刻骨铭心的启示般的经历，让我明白一只知更鸟、一只冠蓝鸦也可以美得不可思议，就像所有鸟儿一样。常见的鸟类一点也不比罕有的逊色。判断某物稀松平常，是我们在体验本身之外做出的，且事物常见与否其实无关其本性。这类判断有时会贬损我们的体验，阻碍我们关注事物本身。也就是说，我们会因判断而视而不见。任何一次日落、一棵栎树、一个婴儿或漂亮女孩，当你第一次看到，或以宛若初见（或宛若最后一次）的方式看到——优秀的艺术家乃至任何优秀的体验者都是如此观看的——都是独具一格、难以置信的美妙奇迹。一旦人们意识到徜徉在一个充满奇迹的世界远比在一个堆满档案柜的世界里穿行来得有趣，意识到一个熟悉的奇迹也是奇迹，这种去熟悉化的耳目一新的体验便唾手可得。

讲述这些是为了劝诫诸位认知者（没错，我是在说教），无论你是否已经是科学家，无法沉浸于纯粹体验是理解能力丧失的表现，几乎能断送一个人的科学生涯。标签化的思维惯性不仅会让科学枯燥无味，还容易把人变成糟糕的科学家。反省自己的标签化行为还让我明白了一点：其实没必要把“体验”与“组织整合”看成是相对立的，美学方法与科学方法也不是水火不容的。我领悟到“科学知识”非但不会让我的体验变得贫瘠，还可以丰富我的体验，只要我不让它越俎代庖。只要奉行“先看后知”的准则，学识丰富的体验者往往能比无知的体验者获得更多享受。现在我们还可以加上半句“再回看”——这时我们会发现认知变得多么丰富多彩、不可思议。

所幸，如果“真正的体验”是沉浸式的，足够广袤而神秘，你往往会心醉神迷，甚至为之痴狂。即便是痛苦、悲伤的体验，也能让你“心醉神迷”。无论如何，比起纯粹的标签化，真正的体验总是更令人享受。标签化——对体验之外的事物分门别类、整理归档，是一件干巴巴、死气沉沉的工作，至多能给人带来一种聊胜于无的低级愉悦。说白了就是“解脱”的感觉，而非一种正面享受。总而言之，堕入这种“知道”的模式，不仅会走向盲目，还会在其中沉沦。

第 九 章

如是意义与抽象意义

之前的论述还给我带来了额外的启示：我开始反思“意义”这个概念。当我们知识分子——尤其是哲学家、科学家谈论意义时，通常是在说它将混沌、无意义的杂项协调、分类、整合、组织起来。赋予事物意义是将事物格式塔化以创造整体的活动。这个新的整体及其部分拥有了之前的部分所没有的意义。“将体验组织成有意义的模式”的说法暗示着体验本身毫无意义，得靠组织者创造意义并交付于它，也暗示着赋予意义是种积极主动而非被动接受的过程，而意义是认知主体给认知对象的恩赐。

换言之，这种“有意义”属于分类、抽象的王国，而不属于体验的王国。它是经济而化简的知识与科学的一部分，而不是巨细靡遗、无所不包的知识与科学的一部分。我还常常感到人们暗示意义是“人创”的——如果人类消失，意义也将荡然无存。于是我把以下两个论调看成一枚硬币的两面：一面是“人造的有意义”，另一面是前者所隐含的，即事物（现实、自然、宇宙）没有内在、固有的意义，因而必须被套上一层意义——如果人做不到，就得托付给神明。

可以通过两种不同的方式对抗这种归根结底是机械论的世界观。第一种是许多当代艺术家、作曲家、剧作家、诗人和小说家（当然还有一些哲学家）已经采取的。这种世界观让他们恶心、沮丧，他们反倒过分热情地拥抱它，大谈特谈人生终极的荒谬与无意义，以随机、偶发的手法绘画、写作、谱曲，仿佛无意义只能是陈词滥调那样解构无意义，宣扬“人类决定的不确定性与随机性”，等等[①]。在他们看来，意义是可以无中生有、信手拈来的，又是无法预测、即生即灭的；我们可以任由意志赋予事物意义，没必要遵从任何原则和规范。生活成了一系列偶发的事件，毫无内在的意义与价值。持这样态度的人很容易遁入彻底的怀疑论、虚无主义或相对主义，丧失一切对是非对错的判断，成为冲动的奴隶。简言之，他成了一个没有价值观念的人。如果他血管里生命的源流已经枯竭，绝望、痛苦和虚无感就会成为他生活的主题。他就像是在说：“好吧！我不得不接受，生活没有意义。我必须彻底臣服于我自己的任意决定。除了这些盲目的愿望、冲动和心血来潮，我不能相信任何事情，也不能信奉任何东西，因为除了切身感受到的推力，世上再无别的理由。”当然，如此极端的人很少见，但我们不难想象持此类态度的人会走向极端。

---

① 一位记者向《去年在马里昂巴德》的编剧阿兰·罗布-格里耶（Alain Robbe-Grillet）坦言称，自己没怎么看懂电影。罗布-格里耶大笑着说：“我也不懂。”如今这种反应已经不稀奇。坦言自己的艺术作品缺乏有自觉的意义，甚至暗示质询意义已经过时了——我有时觉得这是种很“潮”的做法，甚至是值得引以为傲的。故意摒弃意义、摧毁意义有时似乎象征着摧毁建制、权威、传统和陈规（它们似乎被认为是理所当然的错误）。无论是否是有意识的，这种做法都旨在攻击虚伪、释放自由、回归本真。仿佛一个谎言被戳穿了。然而，在兼收并蓄的一体化态度面前，这种非黑即白的思维模式不堪一击。（原注）

不过，我们可以从一个截然不同的视角审视这一趋势，将它看作时代精神（Zeitgeist）的一部分。这一已风行一世纪的时代精神，反叛宗教、经济、哲学、政治乃至科学构成的宏大抽象“体系”。这些“体系”与真实的人类需求和体验如此疏离，看起来就像（且往往的确是）虚伪与合理化的庞大化身。可以说这一趋势恰恰体现了陀思妥耶夫斯基和尼采的宣言：如果上帝已死，那么一切皆被准许。从这个视角来看，这一趋势是所有传统的超人类（extrahuman）价值体系轰然倒塌的必然结果；面对一片断壁残垣，我们只有一个归宿，我们只能回归自我、回归体验。但是，这同时也证明了我们对意义的强烈需求；即便我们认为意义无处寻觅，我们依然如饥似渴地寻求意义。

从正面描述的话，可以说这是对纯粹体验的回归。纯粹体验是一切思想的源头，而且每当抽象、系统让我们大失所望，我们总会回到那里——那时我们才彻然大悟，原来许多事实的终极意义不过是它们的存在本身。从古至今，许多被推向怀疑论的人都尝试过返璞归真，回到一切的起源，在一个更坚实确凿的基础上重新思考万事万物，在风暴的中央寻觅可确信之物。生活就是这样，有时再怎么努力修修补补都无济于事，不如推倒重来，从地基开始重建大厦。

然而，人们总是抵挡不住把事物一分为二的诱惑，做出非此即彼的选择。他们觉得自己只能要么拥抱体验的如是（suchness），视一切抽象为宿敌，要么拥抱抽象、律则与整合，弃绝与之水火不容的如是。可见，这两种极端立场是二分思维走向病态的后果。它们不仅是愚蠢的、不必要的，更是一种幼稚的无能——无法做到兼收并蓄，无法让看似矛盾的两方协同运作。

我们已经看到，同时接纳并享受来自如是和抽象这两者的馈赠，不是什么登天难事。事实上，如果做不到与这两者安然共处，就无法拥有健全的心智，实现完满的人性。鉴于此，我提议一种二重的意义观：这里的两种意义不是互斥的，而是相互补足、相辅相成的。其中一种属于分类与抽象的领域，我称为抽象意义；另一种属于体验的领域，我称为如是意义。比如玫瑰的香气，有些人倾向于说是无意义或悖理的（absurd）——这当然算不上错，但对于绝大多数人来说，“无意义”和“悖理”之类的语词是规范性的，且会引人反感，因此我希望摒弃此类说辞，以避免可引致病态的误解。

这两种意义还衍生出了两种交流、表达的方式，涵盖了语言、艺术、影视、诗歌等诸多领域。我们还可以从中得出我一再强调的那个论点，即科学有双重任务。科学一方面需要充分承认、接纳并品味具体、赤裸的体验；另一方面需要努力将这些体验编织成整体，寻找它们的相似与差异之处，探求其中的规律与彼此关联，进而将它们构建为易于表述的体系，提炼为易于理解的公式（或“定律”）。

不过，这两大任务或目标是交织在一起的，一旦割裂开来，便是两败俱伤。如果二者仅择其一，我们只能得到一个跛足的“化约为具体”或一个跛足的“化约为抽象”。

两种可理解性与解释

这两种探讨意义的进路进一步澄清了“理解”“预测”“解释”等语词的含义。一个纯粹“科学”的人常常会在不经意间，以一种与典型的直觉型人大相径庭的方式使用这些词。在前者看来，理解的加深往往是化繁为简的产物，甚至等同于化繁为简。这是一种相对于一元论的统一性理想，意在将复杂、混沌化约为经济、简约。“理解”与“解释”潜伏在丰富芜杂的事物之后，以赋予它们可理解性。比如，让“卷心菜”和“国王”相会在某个分门别类的结构中，以某种方式联系起来，而不是让它们孤零零地留在原处，继续做不受干扰的沉思对象。

在这样一个人看来，“解释”与“理解”都起到化约的作用，即削减需要理解的变量数。他还认为杂多的表象没有藏在表象世界之下的更简单的解释理论那样“真实”。他拒绝“以貌取物”，厌恶暧昧不清。在极端情况下，这样一个人会认为无法解释的就不可能是真实的。

然而，在一个更重视体验的人眼中，还有一种对应着“如是意义”的理解。在这一意义上，理解某物就是体验事物本然的样貌。比如，虽然对一个人或一幅画的体验会越来越深刻、丰富、复杂，体验依然可以存留在我们试图理解的对象之内。我们可以就此区分两种理解：一种是体验的；另一种是抽象的、整合式的，即积极地化繁为简、去杂存精。

体验理解则是对体验进行精简、浓缩，把它化约为一个图表（或 X 光片、纲要、数学描述等）的反面。体验理解满足于停留在体验之内，而非超越体验。体验理解直接品咂体验的味道，沉醉于它的声色。雕刻师对陶土、石块的理解，木匠对木头的理解，母亲对婴孩的理解，游泳者对水的理解，夫妻对彼此的理解，皆属体验理解。一个不和石块、木头打交道的人，一个从未与人结为夫妻、为人母的人，一个旱鸭子，无论他们有多少知识的来源，都不可能获得这种理解。

科学家们口中的“解释”通常只有化简的含义。这个词似乎总是指向某种体验之上的东西，总是表示某个关于体验的理论。不过，一些艺术家、评论家也会以一种体验的、自我指涉的方式使用这个词。这种用法可不是荒唐无稽的，我们至少应该留心一下。在这种意义上，某个被体验的事物是其自身的解释。一片叶子、一曲赋格、一次日落、一朵花、一个人有什么意义？他们自我“意谓”、自我解释、自我证明。许多现代画家、音乐家甚至诗人都拒斥这一老掉牙的论调：艺术作品必须有超越自身的“意义”，必须要指向外部，不能只指向自己，必须传达某种信息，或者必须能在通常的科学简化的意义上得到“解释”。这些现代艺术家强调作品是自存自足的世界，我们应该看见它，而非透过它看见别的什么。它们不是代表着某种异于自身的符号或象征。它们也无法在通常的意义上被“定义”，被置于某个类别或历史链条中，被塞在外在于它的世界的某种关系中。许多音乐家、画家和诗人甚至不愿谈论自己的作品，他们唯一能忍受的“诠释”方式是随意为作品贴上一个标签，或者干脆指着作品说："请看（听）！"[①]

然而，即使是在艺术、文学的话语场域中，人们确实会说"研究贝多芬的四重奏"之类的话（在体验的意义上沉浸于音乐之中，反复聆听，用高倍显微镜细致入微地检视其内在结构，而非通常意义上的研究结论）。经过这番研究，人们会说自己理解得更深刻了。有个文学批评学派有类似的宗旨，其信徒深入品读作品本身，而不借助作品的社会、历史、政治或经济环境来理解[②]。面对无法言喻的奥妙，它们没有默声不语。他们有许多可说的，而且他们的确使用"意义""解释""理解""诠释""传达"等语词，虽然表达的都是紧贴体验的意义。

我认为这些艺术世界的肯定用法可以帮助我们重构一种包含而非排除体验数据的科学哲学。在我看来，它们比另一种使用语词的方法更可取——那种用法谈论的是"无意义"和"不合理"，而不是"如是意义"；那种用法将指来指去彻底取代语言表达，它放弃一切解释、定义的企图，被动地等待启示降临，两手一摊说"不懂的人永远不

① 有人问T. S. 艾略特（T. S. Eliot）："先生，您的这句诗'女士，三头白豹蹲坐桧柏下'是什么意思？"艾略特回答说："我意思是，'女士，三头白豹蹲坐桧柏下'。"［斯蒂芬·斯彭德（Stephen Spender），《忆艾略特》（*Remembering Eliot*），《相遇》（*Encounter*），XXIV（April 1965）］毕加索据称也说过类似的话："人人都想理解艺术。何不试着理解鸟儿的鸣唱呢？若不理解夜色、花儿和周遭的一切，又怎能喜爱它们？要想画下来，就不得不理解。"（原注）

② 应指英美现代文学批评的"新批评"（New Criticism）流派，强调"文本细读"方法。

懂”。我认为肯定用法能方便我们与体验数据打交道，让交流更顺畅，催生出鞭辟入里的洞见。“荒谬”“无意义”“不可言传”“无法解释”等语词都透露出一种软弱的投降姿态，因为它们谈论的是虚无、零、事物的缺席，而非可由科学方法应对的存在。拥护肯定用法的另一大理由是，它们隐含着将体验接纳为具有内在真实性、内在价值的终极体验的可能性。这些说法很适宜用于一种存在心理学（Psychology of Being），即以事物的目的与终极状态为对象的心理学。否定用法则暗示着与经典科学“同流合污”，坚持价值无涉（Being value-free），只考察（用某种方式任意赋予的）通往目的的手段，而对目的本身视而不见。

生活的如是意义

生活中的许多核心体验甚至一切体验，归根结底都是“不可解”（unsolvable）的。也就是说，它们是不可能被理解的。除了它们如此这般的模样，你说不出什么所以然。动用理性也无济于事，它们就是这样。你只能承认它们的存在，接纳它们，尽可能享受它们的丰饶与奥妙，同时意识到“生活的意义是什么”的答案大抵只是如此。生活本身便构成了生活的意义。换言之，呼吸、行走、观看、品尝、闻嗅的体验，感官体验与情感体验，如此种种都让生活值得一过。当我们无法享受这些时，生活本身就成了个问题，无聊、倦怠、抑郁乃至自杀就可能接踵而至。这时我们会说，“生活毫无意义”，“活着到底为什么”或“这日子不过也罢”。有鉴于此，我认为与其消极地承认生活之无意义，毋宁体悟如是意义的厚度。

律则解释与如是理解

如是意义与抽象意义、如是理解与抽象理解、如是解释与抽象解释之间的区分还给了我额外的启发。

大约 15 年前，我开始探究性格学上不同类型的科学家都有怎样的不同动机。我问他们两个问题，一是“你为什么选择这个领域的工作，研究这个问题？”，二是“你从工作中得到了哪些回报（内心的满足、愉悦、狂热、幸福的巅峰体验）？是什么让你坚持下来？为什么热爱自己的工作？”，并让他们自由地侃侃而谈。这两个问题之间的区别类似于“为什么爱上他（她）？”和“为什么维持婚姻关系？”之间的区别。出于种种原因，采访了各个领域的几十位科学家后，我不得不放弃这个研究项目。虽然样本不大，促使这些科学家开始并坚持工作的隐匿动机已经呈现出高度多样性，让我深受震撼。科学家也是人，他们的世界观、享受与满足之事、喜好与厌恶，他们的职业选择与工作风格，都在一定程度上表达了他们的性格。和许多过去的研究一样，我再次产生了把他们的性格分门别类，贴上非此即彼的标签的冲动——实干型（tough-minded）和幻想型（tender-minded）、日神型（Apollonian）和酒神型

（Dionysian）[①]、肛门型和口腔型[②]、强迫型和歇斯底里型、男性化和女性化、自控和冲动、支配和受动、多疑和信任，诸如此类不一而足。我一度将这一对对反义词包含的共有变量定义为“X 特质”和“Y 特质”，也曾经用“冷型”和“暖型”来指代（这两个词都不会引起反感、冒犯他人）。我还考虑过，在研究的初步阶段，隐晦而浮于表面的词或许比明确、严格的定义更好。出于类似的考量，我还尝试用“蓝绿型”（色谱的一端）人格对比“红橙型”人格。最后，我把这个问题搁在一边了，虽然一种朦朦胧胧的突破在即的感觉已如影随形。可惜，15 年过去了，这种感觉依然挑逗着我，而重大突破依旧不知所踪。

当时我有个模糊的想法。时过境迁，我现在终于可以自信地表述出来，并且希望加以进一步检验。那些我曾看作有“冷型”“蓝绿型”“实干型”性格和人生观的人，似乎倾向于认为自身科学工作的目标是建立具有规律、确定性、精确性的法则。他们喜欢谈“解释”，而且显然指的是那种化繁为简、一言蔽之的解释。在他们眼中，实现化约性理想，也就是削减变量，便意味着大功告成，可以高奏凯歌了。相形之下，那些“暖型”“红橙型”、直觉型的人，更接近诗人、艺术家、音乐家，而非工程师、技师；那些

---

① 日神阿波罗与酒神狄奥尼索斯构成了西方文学、哲学的一种传统二分法。一般来说，阿波罗代表理性与克制，狄奥尼索斯代表非理性与原始欲望。

② 基于弗洛伊德的人格发展阶段理论，具有口腔期特质的人被动而悲观，具有肛门期特质的人放肆而偏执。

“幻想型”“柔情型”科学家往往在谈及“理解”时满面春风，把如是理解视为努力的回报、探索的顶峰。简言之，从实干型到幻想型的性格连续谱，似乎与分别以“律则解释”和“如是解释”为两级的连续谱相照应[①]。

综上所言，在这里“抽象知识”与“体验知识”几乎被假设为两种相互对立的目标（对性格类型单一且极端的科学家而言）。

---

① 我感觉极富创造力的伟大科学家几乎无一例外地结合了两方特质，而不会不成比例地厚此薄彼。即便如此，我认为这一类型学的区分还是很有用的，许多学界交流和一些个人叙述也印证了这一点。伟大科学家面临的问题是何时实干、何时幻想，而非成为何种人。回看心理学，我依然觉得这种两极分化手段可以帮我们把“典型”的实验心理学家（也是不称职的临床医生）和“典型”的临床心理学家（做不好研究）区分开来，虽然我完成的一项小型研究并未强有力地支持这一假说。（原注）

第 十 章

道家科学与控制科学

学术界正规的实验科学因其本质倾向于积极主动地干涉、操控事物的进程，甚至喜欢胡插一脚、横加扰乱。可实验科学本来应该是冷漠、中立、随遇而安的，不应该随意改变研究对象的性质。但无论如何，我们都看到了理想与现实的隔阂。最为突出的是，经典科学对原子论的无意识偏爱。经典科学总是假定不拆解便无法获得知识，这一偏见已有缓和的趋势，但依旧强大。还有一个往往被忽视的因素：受控实验的手段就是控制。也就是说，它是主动地设计、操纵和预先安排。

当然，我没有说控制必然是坏的，或是不必要的。我只是想表明，干涉的科学不等于科学本身，还有其他可能的策略。通往知识的路不止一条，科学家们大可选择其他方法。在这里我想引介的是针对了解事物本性的道家途径（the Taoistic approach）——容我再次强调，它不是一种排他性的方法，不是主动科学的竞争对手，更不能包治百病。一个手握两种方法并能因地制宜、因势利导的优秀科学家，总比死死攥住一种方法的优秀科学家要强大。

把道家的接纳性（receptivity）称作一种技法或许不太准确，因为具有接纳性意味着，能够管好手、闭上嘴，能够耐心等待、暂停行动、被动接受。它强调的是置身事外、不加干涉的仔细观察。因此，与其说它是通常意义上的技法，不如说是一种对事物本性的态度，甚至可以称之为一种反技法（antitechnique）。当我向科学家朋友们描述这种态度时，他们总是嗤之以鼻，说“就是简单的描述科学嘛”。我怀疑他们其实没懂我的意思。真正的道家意义上的感受性是来之不易的。它要求我们倾听——真正全身心地倾听，俯首帖耳，遁入无我之境，而不做任何假设、分类、改善、反驳或评价，悬搁认同或反对的态度，不与所见所闻抗争，不事先打好反驳的草稿，不边听边联想以至于错过接下来的内容。这样的倾听可稀罕了。小孩子比成年人更擅长全神贯注、恍若无我的倾听与观察。库尔特·沃尔夫（Kurt Wolff）在论著中称之为“臣服”（surrender）。在他看来，这是种极为复杂且困难的姿态，如果你认为臣服太容易，他的文章会让你张口结舌。

命令一个人接受（be receptive）、“屈服”或“无为”，就像是跟一个局促不安的人说“你得放松下来”。这个人当然想放松，就是不知该怎么做到。平和、镇静、冷静、沉着、祥和、放松——或许用这些词来阐发更易于理解，虽然多少有些词不达意。无论如何，这些词的确能够表明恐惧、紧张、愤怒与急躁是接受性与不干扰的敌人，表明我们必须学会尊重考察、调研的对象。我们必须让事物做自己，任由事物自我展现内在的本性，而作为观察者我们不加以干涉、侵扰，只是静静聆听事物的声音，我们甚至需要在这样的聆听中获得宽慰与享受。可以说，这个世界的许多事物是害羞的，就像动物、孩子那样害羞，而只有谦逊自持的观察者才有幸一窥奥妙。

东方的许多学者都强调过，观察者要与自己研究的自然和谐共处。这与我此处的讨论还有些许差异，因为他们认为观察者自身也是被观察的自然的一部分。他心安理得地栖居于此。他是风景的一部分，而不是站在一个微缩景观之外定睛看着。可以说，他躺在母亲的臂弯里研究着母亲。改变、操作、控制甚至摧毁显然是格格不入、妄自尊大的。科学家与自然的关系不只有掌控自然一种。

我们西方人一般接受在生活的某些方面，应怀有不加干扰的态度，因而我们起码能理解静观其变，像海绵一样被动地吸收是什么意思、什么感觉。第一个出现在我脑海中的例子是观赏艺术品和聆听音乐。在做这些事时，我们不会搅扰作品。我们只是被动地接受着，向音乐屈服，与其交融合一；我们“投降”，任由作品做自己。我们也会躺在日光下或浴缸里，静静地吸收渗入肌肤的温度。我们绝大多数人生病时都能乖乖听从医护人员的指导。面对耀眼的篝火、静谧的溪流或茂密的森林，我们往往会安详地静观。更不要说，当你闯入一个陌生的社会，或探访一个需要医治的病人时，颐指气使、盛气凌人的姿态当然是不讨喜的。

然而，不知为何，教科书总是对接受性的认知策略避而不谈，人们也往往不认为它是值得尊重的科学技法。鉴于接受性在许多知识领域都是不可或缺的态度，这种忽视、鄙夷的态度实在诡异。虽然我的话主要是说给民族学家、临床心理学家、动物行为学家和生态学家听的，接受性策略实际上对各行各业的研究都大有裨益。

对结构的接受性

当然，若我们对“如是”与“抽象”进行区分再加以整合，就不免与“共相（universals）、法则究竟为何”的老问题撞个满怀。它们完全是人们为了自身便利发明创造出来的，还是被发现的？它们是我们对某些在人类诞生之前业已存在的事物的感知（无论多么模糊、不真切）吗？在此我无意给出一个最终答案，只想试着阐明这个问题到底是什么意思。

首先，将问题表述为“若非……就是……”的非此即彼的选择，就足以引起警惕。难道不能是一个程度多少的问题吗？如是与抽象的区分告诉我们答案是肯定的。无疑，相比起整合与抽象，对如是的感知要被动得多，也更多地体现了道家的接受性。但是，这不必然意味着，和许多人认为的那样，对共相的感知是一项百分百积极主动的任务，是一种无中生有、信手拈来的创造。事实上，它也可以是一种接受性的开放、一种任由事物如其所是的淡然、一种静候被感知物将内在结构自我展现出来的耐心、一种对秩序的发现而非创造。

弗洛伊德发现（并大力推荐）的“自由浮动注意”（free-floating attention）可谓这种运作方式的典范。长远来看，为了理解治疗中的病人——毋宁说，任何人，积极主动地集中注意力以求快速理解往往并不有效。因为这样做容易产生仓促、草率的解释或理论，纵容一家之言、一己之见。思维的角斗、注意力的集中并不是感知原发过程中前意识、无意识层面的良方，因为继发过程可能掩藏或挤兑掉原发过程的数据。精神分析师所奉行的律令是：“让无意识与无意识对话（并倾听它们）。”

如果民族学家希望细致入微地理解一种文化，急于求成也是极为危险的。因为不成熟的论断可能蒙蔽他的双眼，让他再也无法感知到任何与之相左的现象。他需要的是耐心，是感受性，是向数据“屈服”，是水到渠成、瓜熟蒂落。动物行为学家、生态学家、深入自然的博物学家也一样。原则上，与任何领域堆积如山的数据打交道的任何人，都不仅需要主动，更要学会被动。要像孩子玩积木那样摆弄数据，堆起来再推倒，尝试不同的玩法，从容不迫、漫无目的，沉醉于天真的白日梦。要把数据“抛在脑后、怀于心中”，让无意识接管工作。纵观科学发现的历史，这一招屡建奇功。

总而言之，理论与法则的构建往往毋宁说是一种发现。主动性与接受性似乎可以咬合起来，相辅相成，而无论是科学从业者还是一般认知者，都需要兼具主动性与接受性，静若处子、动若脱兔。

沉　思

无论在何种情况下，当你遭遇“事物如其所是”，遭遇世界纯粹的如是样貌以及栖居其中的事物时，假设你没有被吓得丢盔弃甲的话（许多人都被吓跑了），你能怎么做？当你只有持被动接受的态度时，你似乎别无他法，只能感叹世界的奇妙，含宫咀征、沉思默想——但愿这是件乐事。换言之，此时无为即有为。孩子便是如此体验有形的大千世界的，他们聚精会神、如痴如醉、神魂颠倒。在巅峰体验与荒芜体验（desolation experiences）[1]中，也会有与世界交织合一的感受。类似的，还有当我们沉思死亡，当我们刚到鬼门关前走了一遭，当爱情让世界向我们敞开，也让我们向世界敞开，当迷幻剂让我们灵魂飞升时，当绝妙的诗歌或绘画让我们耳目一新时……这种种都是通往事物本相的道路。这些体验齐声放歌，告诉我们现实不止令人惊惧，也可以是楚楚动人、美妙绝伦的。

至少暂时无须应对眼前的纷繁复杂，我们可以单纯地被动体验、无为地默观。并非每时每刻都需要加以解释、分类、理论化，此时我们甚至都不用理解（除了以事物本身的方式）。

不要忘了，常有人说我们在这些时刻最接近现实。他们宣称，如果想见证现实一丝不挂的模样，就该这样做。他们警告说，一旦开始组织整理、抽象简化、用概念思考，我们也就开始与真正的现实渐行渐远，开始用我们自己的构建与发明“丈量世界”，给现实抹上一层先入之见的“滤镜”。这样做只是为了自身便利，把内心的条条框框强加于一个混沌、无序的世界。

与这样的态度截然相对的是惯常的科学立场。当爱丁顿[2]认为摸得着、看得见的桌子没有经过物理学家概念化的桌子那样真实时，他代表的就是惯常的科学立场。绝大多数物理学家认为，愈发决绝地将感觉性质的世界甩在身后，

---

① 巅峰体验的反面。

② 亚瑟·斯坦利·爱丁顿（Arthur Stanley Eddington，1882—1944），英国天文学家、物理学家、数学家。

就意味着越来越靠近现实。这样说当然没错：他们确实被卷入了另一个现实——一个与他们的妻儿所处的现实不同的现实。化简科学恰恰消解了这个现实。

我们不用裁决这一分歧，因为我们已经达成共识：科学的目标是双重的，一是体验与理解具体，二是将混乱杂多的具体规整为易懂的抽象物。只不过，如今需要强调的是前者，而后者已经被推崇过头了。科学家们通常不会把自己当成接受性的沉思者，但他们应该这样做，否则就有与体验现实这一所有知识与科学的源头切断联系的危险。

可以将“沉思”这一表述、这一概念理解为一种非主动性的、不加干涉的见证与品味。也就是说，可以将其吸纳到对体验的那种道家的、无为的接受性之中。在这样的时刻，体验自然而然就发生了，而不是努力求得的。鉴于这样的观察者允许事物做自己，尽量不扭曲事物，他当然有可能达成更可靠、更真实的认知。

第 十 一 章

人际（我—你）知识作为科学的范式

在科学史的早期，科学只关心非人的、无生命的物理事物，如行星、掉落的物体，它所使用的数学工具也是完全客观、中立的；然后科学开始以同样的态度研究活物；大约 100 年前，它终于可以小心翼翼地把人带进实验室，用以往屡试不爽的方法研究他。他必须被当成一个客体，在受控实验的情形下冷静、中立、量化地被研究。（当然，与此同时，一种截然不同的心理学也初具雏形。这些诊室里的精神病医生承袭了另一套传统，运用的是另一套法则、规律和方法。）

对人类的“科学”研究恰恰表明了让物理、天文学、生物等科学的方法论越俎代庖，应用到完全不适合的研究对象上，必定会带来重重困难，以至于让人恼羞成怒。

也就是说，非人的科学方法把这个人看作一个特殊案例，一个处于边缘的例外。我认为与其把绝对的客观中立视为中心点，不妨把人视为起点、中心点。让我们试着把对这个人的知识当作范例，以此为中心创造方法论的范式、模型，构筑概念框架、世界观、哲学与认识论。

（权且）将两个人之间的我—你关系、人际关系与精神之爱中涌现出的知识视为终极知识，会引发什么后果？让我们把这种知识当作“正常”“基本”、稀松平常的，当作衡量一切知识的“知识性”的标尺。这里的范例包括知心朋友、两个相爱的人、懂得孩子的父母、懂得父母的孩子、心照神交的兄弟、了解病人的治疗师。这些关系不一定是相互的，但它们的共同点是，认知者总是处在与认识对象的某种亲密关系中。认知者没有冷眼旁观，而是温暖而亲近的。他饱含着情感，对知识的对象有所共情，有直觉的体验；他有认同感，觉得自己和对象多有相似之处，甚至在某种意义上是同一的。

一个好母亲往往比儿科医生、心理学家更擅长与她的孩子交流。只要医生的脑子还算清醒，他都会让母亲帮忙解释与翻译，问她："孩子想表达什么？"与之类似，一对老朋友，尤其是老夫老妻，相互理解、相互交流、预测对方言行的方式，往往在外人看来是难解的谜。

在最为亲密的关系中，这种人际知识将演变为一种神秘交融（mystical fusion）的终极形态。这时，就像许多神秘主义者、禅宗佛教徒、巅峰体验者、审美学家与沐浴爱河的人曾描述的那样，两个人在现象学意义上融合为了一体。在交融体验中，对他者的知识是通过变成他者而获得的，并因此成为一种由内而外的体验知识。我知道它，因为我自知，而它已成为我自己的一部分。与知识对象的交融使得我们对他者的体验知识得以可能。又鉴于体验知识之于许多人类活动是最优秀的一类知识，我们对于对象的认知模式当然应该以与对象的交融为理想。进一步，因为在乎一个人，甚至爱一个人能帮助我们与其交融一体、合而为一，我们就可推得一条认知和研究的律令：你想知道一个人吗？先在乎他吧！

还有一类例子没有神秘交融那样极端，就是促进发展、成长的治疗关系。此处我指的是所有“无为”胜“有为”的非指导性疗法，亦即所有能引致真知灼见的符合道家精神的疗法，如弗洛伊德、罗杰斯等人的疗法，还有存在主义心理治疗等。对移情（transference）、感受交流小组（encounter）、无条件正向关怀（unconditional positive regard）等话题的研究已有不少，这种种实践的共通之处在于都包含了对这样一种确然的觉知：一种能够驱散恐惧，允许人们在接受治疗时洞观内心，并由此得以掌控自己身上受到自己肯定或厌斥的诸方面的特殊关系，是必不可少的。

现在让我们将这种治疗、成长关系当成获取知识的手段来考察，并将这一认知工具与显微镜、望远镜相比照。

显微镜或望远镜：旁观知识（A）。

治疗关系：人际关系知识（B）。

1. A. 包含着主体与客体之间的割裂，即所谓的“笛卡尔分裂”（Cartesian split）；并且这一割裂、“间离”被认为是好的、有用的、为达目的不可或缺的。

1. B. 竭力缓和治疗师与病人这两个方向上的割裂与“间离”。虽然两种缓和有所差异，但其共同目标是深入理解病人（而非治疗师）。

2. A. 如完美的旁观者那般超脱、不偏不倚，将彼此彻底地“他者化”为理想；不加认同，事不关己，漠然置之。

2. B. 以交融、融合、合而为一为理想。

3. A. 观察者是个陌生人、局外人，而非参与者。

3. B. 观察者是个参与式的观察者。

4. A. 较少的自传入感觉（reafference）[①] 与交流，就像我看着一张桌子、一尊塑像那般。较多的是异化，较少的是认同。

4. B. 较多的自传入感觉与交流，就像木匠看着自己刚做好的桌子，雕塑家看着自己的作品那般。较少的是异化，较多的是认同。

5. A. 尽量不产生情感联系，避免建立关系（为了做一个中立的评判者）。

5. B. 尽量建立情感联系与亲密关系。

6. A. 对体验自我（experiencing ego）与自我观察自我（self-observing ego）的割裂既毫无察觉，也不加利用。在认知过程中不运用自我知识。

6. B. 尤为看重体验自我与自我观察自我之间的交互作用，充分利用两者的相互依赖关系。自我知识是这一认知过程的必要组分。

7. A. 观察者的本质与殊异性无关紧要。任何够格的观察者都平起平坐，能够通向相同的真理。

7. B. 认知者的本质一定程度上决定了认知对象的本质。不同的认知者是难以相互取代的。

8. A. 观察者不是在创造真理，除非在极为琐屑的意义上。他发现、见证、感知真理。

8. B. 通过将自己的身份、特性、观察方法糅合进认知过程，观察者部分创造了真理。

---

① 自传入感觉指由身体运动（本体感受反馈）导致的感官刺激。

9. A. 放任自流（满不在乎）的认知。

9. B. 在乎和关照最终化为道家式的无为。

10. A. 我—它知识（布贝尔意义上的）。

10. B. 我—你知识（布贝尔意义上的）。

11. A. 较多的精神活动，如构建理论、提出假说或猜想、分门别类。

11. B. 较多的接受性，更愿意暂时悬置继发过程，纯粹地体验。

12. A. 积极主动地注意，刻意地聚焦。目的性强烈。

12. B. 自由、浮动地注意，耐心地等待。

13. A. 完全是有意识的、理性的、语言的。

13. B. 原发过程、前意识、无意识、前语言。

14. A. 旁观者的疏离、中立、客观性——置身事外、满不在乎地放任自流。被感知物的内在本性为何并不重要。

14. B. 不加扰乱，但同时饱含关心、享受并愿意让他人做自己——保持疏离与客观性。形成对他者之存在的认知［存在认知（B-Cognition）］。对他人不产生错觉，而是如实地感知，不否认，无须对被感知物加以改善，不对其提出先验的要求。接受其如此这般的原貌。因为爱它原本的模样，希望让它做自己，不愿它变成别的模样，所以不打扰它。

15. A. 一旦感知到了被感知物，组织玻片、显微镜和生物学家便分道扬镳。它们“离异”了。显微镜、玻片都不会爱上生物学家。

15. B. 被感知物予以回应。它因被理解而感激。它要求被恰当地感知。它将幻想和希望投射在感知者身上。它给感知者披上一层荣光。被感知物爱着感知者，甚至对其依恋不舍。当然，被感知物也可能厌恶感知者，或是爱憎交加。作为观察对象的人也不会对“认知工具”漠不关心，因此能够改变“认知者”[通过反移情（counter-transference）等]。

认识他人之所以复杂还在于，人们的许多动机是在人际关系中涌现的。我们总是需要他人来帮忙满足我们的基本需求，我们的希望落空也往往是他人所造成的。如果你想理解另一个人，就最好不要让他有受威胁的感觉，而要给他一种你接受他、理解他、喜欢他甚至爱着他的印象，给他一种受到尊重、可以自由无惧地做自己的感觉。要是你不喜欢他、不尊重他，持一种轻蔑而反对的态度，或者对他加以“标签化”——一言蔽之，你拒绝把他当成一个独立的个体，他就会自我遮蔽，躲开你的目光。（这里的原则和给别人看孩子的照片差不多：我给你看我孩子的照片是因为你喜欢孩子；要是你不喜欢，我也不会自讨没趣。）更糟糕的是，他甚至可能怀揣歹意，刻意给你错误的信息。这种情况在民族学家、精神治疗师、社会学家、儿童心理学家的工作中，还有民意调查中都屡见不鲜。

可以支持此类结论的研究文献汗牛充栋。这些研究的主题五花八门，包括采访技巧、心理治疗技巧、民族学实践、民意调查、理解与被理解、人际交往感知、强势与弱势的相互关联等。但是，我似乎没看到过这些研究发现被应用于“获得”真实、可靠的知识这一认识论问题上。我怀疑这些领域的研究者们要么没意识到这些发现还有这样的应用潜力，要么意识到了却被可能的推论吓到了，因此不敢越雷池半步。这可以理解。我们已经被反复灌输通往可靠知识的道路只有一条，无论你研究的是分子还是人。可现在有人在说，或许这两类研究的道路是不同的。我们有时甚至听出这样的暗示：研究人类的技法或许有朝一日会推而广之，将对分子的研究囊括进去，也就是说我们的最终下场可能是又一个一元认识论，只不过中心点不同。

在其他科学领域也可以找到这种借由认知主体与对象之间亲密的人际关系获得知识的道路，只不过不那么明显。我最先想到的是动物行为学。此外，所有医生们从“临床”衍生而来的知识也享有不少类似的特征。社会人类学也是。社会学、政治学、经济学、历史学的许多分支亦然——甚至可以推广到所有社会科学。或许我们还能加上部分（甚至所有）语言科学领域。

不过，我还想提出一个更为重要的观点。水火不容、“党同伐异”的局面不是不可避免的。的确，我们可以根据知者、被知者之间关系的重要性，将各门科学或各个知识领域排列成一个等级结构。但是，我真正想追问的是一个更激进的问题：是否能将一切科学、一切知识重新构想为认知主体与对象之间充满关怀与爱的相互关系的产物？假如这种认识论与目前在“客观科学”独占鳌头的认识论齐头并进，会带来什么好处？两者真的可以和睦共处吗？

我个人感觉是可以的，而且我们应该让两种认识论各就其位，并因地制宜地使用它们。在我看来，两者远非相互矛盾的，而是相互补益的。无论你想知道什么，将这两种武器一并收入武器库，都是有利无害的。我们必须考虑这样的可能性：尽管天文学家、物理学家、化学家的研究对象是最“没有人性”的，也可能以更整全的方式来感知。此处的感知是指有自觉的、可用语言表达出来的那种，因为我确信已经有一些天文学家、化学家等等在私底下像对待爱人一样爱着他们的“问题”。

对研究对象的“爱”

到底怎样才算是“爱着”亟待认知、理解与欣赏的对象？这个问题乍看简单，其实复杂。首先，它至少包括对研究对象“感兴趣”。如果一样东西非常无聊乏味，我们当然很难听进去、看清楚，更不要说时刻装在心里，不屈不挠地钻研它了。当一个人受外力迫使，不得不研究在他看来很乏味的东西时，他的防御机制便会火力全开，使出浑身解数拒绝深入探究。他会心不在焉、神游四方、身心倦怠、呆头呆脑。简言之，除非对研究对象尚存一丝兴趣，除非一项工作还算有吸引力，否则铁定是做不好的。至少需要一点激情（或欲望）的火花。

当然，对无趣的任务尽忠职守是可能的。就算小孩子也能够出于讨好老师的外在目的，完成索然无味的学业。然而，这样的孩子让我们不得不担心其他问题，比如性格的培养、自主性的充实——只会俯首帖耳是好事吗？此处无法深入探讨这些问题，我提及它们只是为了提防落入黑白二分的陷阱。无论如何，有一点几乎是不言自明的：为了最好地了解、感知、理解、铭记一个人，总归需要投入情感和兴趣，被他所吸引，为他着迷——起码得心怀“一丝爱意”。

说回科学家，科学研究尤其需要坚韧不拔的意志、不屈不挠的决心、坚持不懈的耐心以及克服不可避免的失望情绪的勇气——单单出于这一缘由，他就应该意识到“一丝爱意”多么重要。这样说还算保守了。科学研究的长期事业真正需要的是激情、痴迷乃至痴狂。当一个高产的科学家谈论他的问题时，他仿佛像是在谈论心爱的人一样激情四射、两眼放光，他把问题当成目的，而非通往别的目的的手段，心无旁骛地埋头苦干，他的心智是完全投入的。他全心全力为一个目标努力，不惜代价，忠贞不渝[①]。

这样的行为可以算作“爱”，而且如此遣词是有好处的。此外，我们可以合理地期望，那些对自己的工作、问题怀有爱意的人，往往能做出更丰硕的成果。正因为此，我认为我们都需要仔细考察“经由爱的知识”这一认知范式，即便你是最严格意义上的科学家。这种认知在恋人之间、家长和孩子之间，还有神学家、神秘主义者的写作中，若以自然主义的视角观之，则有着最纯粹的体现。

---

① “如果你想找一个彻头彻尾的废物做研究，务必挑选那种对研究成果毫无兴趣的人；这样的人可想而知无法胜任，是个蠢蛋无疑。”[威廉·詹姆斯（Willian James）]（原注）

人际关系中的知识生产

我们从经典的非人科学那儿承袭了这样一种真理观、现实观：它们“已经在那儿了”，有时是完满且全面的，有时又是隐匿而不可发掘的。意思是说，在有些情况下，观察者只是直接地观察；在另一些情况下，观察者透过扭曲真实的滤镜来观察，而且这一滤镜无法去除。物理学家和心理学家近来意识到，观察行为本身就会对被观察的现象加以塑形、变更和侵入。换言之，观察者部分创造了现实，创造了真理。现实似乎是感知者与被感知物携手锻造的，是一种合作产物、一种交易。这方面的研究近来如雨后春笋，其中广为人知的就包括自传入感觉与观察者期望效应这两类实验。

我这里所说的不只是天文学观察的“人为误差”或海森堡不确定性原理。我指的是用民族学举例来说，民族学家根本不可能取消自己的观察的扭曲效应，知道一个无文字记录的古老文化究竟是什么样的。或者换一个我最近亲身体会的例子，你怎么才能将外部观察者造成的抑制效应（dampening effect），从街头宗教群体的真实行为中分离出来呢？

情绪与真理

大卫·林赛·沃森（David L. Watson）在《人类本性研究》（*The Study of Human Nature*）中写道：“当两个人争

吵时，相对冷静的那个人不一定手握事情的真相。激情可能会提高参与争论者的表达能力，并且长此以往把他带向更深层次的真理之域。”“毋庸置疑，某些情绪会彻底扭曲我们的判断。但是，我想问问极端的理性主义者：如果真理没有激发研究者的激情，让他身心投入，我们还能有科学吗？”

人们曾普遍认为情绪只能起到扰乱作用，认为情绪是真切感知、理性判断的大敌，是睿智的对立面，是与真理水火不容的。如今则有越来越多的心理学家对此发出质疑，沃森便是很有代表性的一个例子。人本主义的科学观产生了一种崭新的态度：情绪和认知可以是相辅相成的，情绪可以帮助我们洞察真理。

交融知识

这些爱的关系能够升华为与世界交融一体的神秘体验，并让我们与认知对象融为一体，成为它的一部分，进而获得一种终极知识（也可以说是经由对对象的爱而超越了知识）。在我们的理论框架中，可以将其等同于体验知识，一种通过成为认知对象而获得的由内而外的知识。无论如何，人际关系知识应该以之为理想，朝这个终点努力。

说来玄乎，其实不然。有一种研究精神分裂症的有效方法是，服用适当的药物让自己暂时处于精神分裂的状态——如果研究者是已经痊愈的精神分裂患者，那也不错。备受敬仰的新行为主义心理学家爱德华·托尔曼（Edward

Tolman）以研究大鼠闻名。他曾坦言当他想预测大鼠的行为时，他会试着把自己想象成大鼠，以大鼠的思维反躬自问："现在我会做什么？"这恰恰与新行为主义的观点相左。

我们也可以在其他领域如民族学领域找到遵循相同范式的例子。诚然，就算你讨厌某个部落，或者这个部落讨厌你，你也能发掘许多关于该部落的事实，但你的认识必然是有所局限的。为了理解印第安人，而不仅仅是了解他们，你必须在一定程度上沉浸到印第安文化中。如果你已经"变成"了黑脚印第安人（Blackfoot Indian）①，你便可以通过反省己身，让许多问题迎刃而解。

即使是在进行极端非人的科学研究如透过望远镜观察时，我们也能辨析出两种感受确有不同。你可以像个偷窥狂（旁观者、外人）那样借助望远镜窥视月亮，仿佛望远镜是门上的锁孔，而月亮是个疏离的他者，你永远无法变成它。但是，你有时也可以忘掉自己，沉醉入迷，接近观察对象，成为那个世界的一分子，而非置身事外的窥视者。想象一下我所描述的这两个孩子有怎样不同的感受：一个孩子有温暖的家庭；另一个却是孤儿，游荡在幽暗、凄冷的街道上，透过窗户看着屋里的一家人而黯然神伤；他们的不同体验正呼应了我们此处的区分。科林·威尔逊（Colin Wilson）的书里探讨了许多此类局外人、伤感的窥视者的例子。

---

① 北美原住民中的一个游牧部落，据说已分化为四个独立部落。

同样的道理，你可以成为微观世界的一分子，也可以待在外头，透过显微镜观察玻片上“已经在那儿了”的对象。就好比当你听管乐演奏时，你可以持冷静、审慎的态度，仔细评估演奏水平，判断它值不值门票钱；但你也可以突然被攫住，被卷入，融化在音乐的海洋中，感受音符的脉搏在体内跃动。又好比你在起舞，当乐曲的节奏“击中”你，你可以踩着拍子，把自己变成一个音符。你可以与韵律合二为一，心甘情愿成为一件乐器。

两种客观性

“科学客观性”这个表述已非公共财产，以物理学作为科学典范的科学理论家们率先抢占了它，并削足适履，用以指代他们视万物为机械的世界观。诚然，天文学家、物理学家必须坚持他们以所见为真实的自由——真理不应由教会或政权先验决定。“价值无涉的科学”之要义就在于此。然而，如今有太多人将价值无涉的信条，不假思索地推广到人文、社会科学领域，给研究者们套上了沉重的枷锁。

当然，人文社科领域的学生已经开始愿意研究其他人的价值了，可是他们认为自己可以超然物外、袖手旁观，像研究蚂蚁、树木的价值一样去考察。也就是说，这些价值被视为事实，并因此自动被归入经典非人科学的所有方法与概念的辖域，这可谓驴唇不对马嘴。

此种“科学客观性”的目的昭然若揭：为了防止将人

们感知到的但其实不存在的动机、情感、先入之见——无论是属于人的还是超自然的——投射到事实中去。有趣的是，“别瞎想才看得真切”这一科学游戏的必要规则，最初的意思是不要在无生命的对象或动物中看出“上帝的设计”、亚里士多德的箴言或人类的目的，如今的主要作用则是警告科学家们不要投射自己的价值、希望和愿景。

虽然我们在实践中不可能彻底贯彻这一规则，但可以尝试在一定程度上遵守。常规的科学训练和方法就是为了帮助科学家们尽可能靠近这一不可企及的理想，而且无疑颇有成效。我们所说的优秀的科学家都具有这一卓越的特质：他们不仅比别人更善于感知自己不喜欢的东西，而且当他们感知到自己认同的东西时，还能保有高度的怀疑精神。

问题是：我们可以多接近这一目标？怎样才能在最大程度上感知事物本然的样貌，使其尽可能免受我们自己的希望、恐惧与目标的污染？更紧要的问题是：通往目标的路仅此一条吗？是否有其他的道路也能通向“客观性”，让我们看清事物的本来面目？

在传统科学中，只有当研究对象与人们的向往与希望极为疏离时，才能达到高度的“科学客观性”。当你研究岩石、热量、电流时，持疏离、中立的态度和清醒的神志并非难事。你不会和月亮产生认同感。你不会像在乎自己的孩子那样在乎它。当研究对象是氧气、氢气时，你自然会抱有放任自流的态度和不加叨扰、听之任之的好奇心，怀揣无为的接受性，任事物做自己。粗俗地说，若是你不在乎结果，无法产生认同感、共情感，既不爱也不恨，那么你毫不费力便能保有中立、客观，公平、公正的态度。

将这一思想与态度的框架挪到人类、社会研究领域，试着对我们爱着或恨着的人保持客观，中立地看待我们效忠、珍视的事物，还有我们自己，又会怎么样？这时我们已不再能放任自流、置身事外、不偏不倚了。因此，“放任自流的客观”“冷眼旁观的客观”也难以企及。我们碰到了新的麻烦。

比方说，当一个人类学家努力追求“科学客观性”，也就是置身事外、放任自流、冷眼旁观的客观性时，他可能会死抱着一系列他误以为是“科学客观性”的信条。他可能会采纳唯科学（scientistic）而不仅仅是科学的态度，不允许自己对研究对象动感情，不分青红皂白一律量化，最终得出一个细节上合乎事实但整体上谬以千里的结论。（如果你想了解民族学，依然应该博观约取，不仅需要读一些技术性的专著，也需要结合优质的游历报告，以及比较诗性、人本主义的人类学家的写意式论作。）

诚然，冷眼旁观的客观性是可以通过刻苦操练来提升的。不过，我此处想强调的是，除了产生自冷漠的客观性，是否还可能有一种源于关怀的客观性。我在许多论文与专著中已论及此种客观性，将其描述为存在之爱（Being-Love）、巅峰体验、一体感知（Unitive Perception）、自我实现、协同作用、无为接受、“创造性态度”与存在认知的产物，并指出它是人存于世心理状态的一大普遍维度。纳梅什（Nameche）也深刻地分析了这一客观性。

简言之，我的论点是：如果你在存在层面上足够爱某物（或某人），你便能够享受它的自我实现本身，不再会有干扰它的欲望——毕竟，你已经爱上了它的本来样貌。你便能在感知它的同时不叨扰它，放下包袱听之、任之。这也意味着你将能够看到它自在自为的模样，看到它未受你个人的利益、希望、要求、焦虑或先入之见污染的模样。鉴于你已经爱着它的本然之貌，你也罕有判断、利用、改善它的冲动，不愿以任何方式将自己的价值投射到它身上。与此同时，你也会更专注于见证和体验它具体有形的方面，而不会老是加以抽象、简化、整合或进行思维操纵。任凭它做自己也包含着一种更具全局观、与频繁地拆解剖析不相为谋的态度。总而言之：当你足够深刻地喜欢一个人时，你就可能有勇气直面他的本来面貌；当你喜欢事物原本的样子时，你就不会改变它。这样一来，你就可以目睹它（或他）本真的、未经污损的姿态——这恰恰也是一种客观性。你越是在存在层面爱一个人，你就越不需要遮蔽自己的眼睛。

另一方面，可以用超越（transcendence）来阐发这一"在乎的客观性"。如果客观性的意义包括能够看清事物的本来样貌——无论我们喜欢与否、赞成与否，无论它们是好是坏——那么逼近客观性也就意味着逐步超越这些二元区分。

超越这些区分绝非易事，不过，在存在认知、存在之爱的领域，多多少少是可能的，而且这些事很难用语言阐明。鉴于我已在其他地方尝试过，此处就不赘述了。

为了表明这两种客观性何以相互补足、相辅相成，只需要看一个例子就好了，那就是身为一个“局外人”既有显而易见的优势，也有无可辩驳的劣势。对于我们的社会，犹太人、黑人拥有的旁观知识要比我们这些局内人多得多。如果你是某个乡村俱乐部或某个机构中的一员，你就很可能在自己都没意识到的情况下，理所当然地吸纳这个小社会的所有价值观，包括其所有的借口、否认和冠冕堂皇的伪善。局外人却看得明明白白。“当局者迷，旁观者清”不无道理，毕竟“当局者”恰恰是有待认知的现实的一部分。

另一方面，我之前也提过，有充足证据表明，在某些维度上一个民族比其他民族更了解自己的民族问题。这已是老生常谈。不过，“经由存在之爱的知识”这个概念也引出了一系列有趣的研究主题与假说。拥有在存在层面上爱人的能力，是人格高度成熟的标志；反过来也可以说，成熟是这种颖悟的前提条件。因此，提升这一认知能力的途径之一便是让认知者成熟起来。有鉴于此，我们该如何改良对科学家的教育呢？

第 十 二 章

价值无涉的科学

我在《宗教、价值与巅峰体验》(*Religions, Values and Peak-Experiences*)一书中指出，正统科学与正统宗教的制度化都已登峰造极，以致二者陷入了分立对峙的僵局。科学与宗教之间的界限古往今来一直十分明晰，仿佛是在严格遵守亚里士多德的排中律[①]，又好比西班牙和葡萄牙商议好把新世界一分为二,一劳永逸地解决了领土争端[②]。每个问题、答案、方法、权限和任务，要么分配给宗教，要么判定给科学，两者几乎没有重合的辖域。

如此“割据称雄”的结果是，科学和宗教都走向了病态，双双沦为只有一条腿的残疾者。对立二分的思维定式迫使人们一次次做出非此即彼的抉择，就好像在一个两党制政体下投票，只能二选一，不管投给哪一方都意味着彻底抛弃另一方。

由于这种强制性的二选一，走上科学道路的学生会毫不犹豫地放弃很大一部分生活，而且往往是其中最美好的部分。他宛若一个准备进入修道院的修士，不得不发誓弃绝俗世欲望(因为正统科学把真实人类世界许许多多的事

---

① 排中律，又称中间排除律，是指在同一思维过程中，任何一种思想和对这种思想的否定，二者间必有一真，不可能两种思想都假。

② 1494 年，在教皇的调停下，西葡双方签署《托尔德西利亚斯条约》，确立了彼此在南美洲的势力范围。

务驱逐出了自己的辖域）。

科学割据一方所导致的最重要的后果是，它与价值一刀两断了。正统科学被定义成价值无涉的，与目的、期许、回报以及生活的理据都毫无瓜葛。有句俗语说："科学无法回答'为什么'的问题'，只能回答'怎么样'的问题。"还有个类似的说法是："科学不是意识形态或伦理、价值体系，它无法帮我们明辨善恶。"我们难免从中读出这样的意味，即科学只是种工具和技术，好人或坏人都可以平等使用。

当存在主义者问我们何不自杀时，正统的科学家除了耸耸肩说："何不呢？"再也无话可说。（为避免混淆，请注意我这里谈的不是先验的"应该"或"应当"。生物体是得在生死之间做抉择的，而且总是偏爱生存，不愿死去，但我们不能说氧气、电磁波、重力之类的有相同意义上的偏好。）

当下的局面甚至比文艺复兴时期更糟糕，因为近来所有关乎价值的领域，所有人文、艺术学科都被归入了非科学（nonscience），即"不科学"（unscientific）的世界。科学诞生于人们决心仰仗自己的双眼，不再诉诸古人的智慧、教会的权威或纯粹的逻辑。换言之，科学之滥觞不过是一种相对于盲信任何人的先入之见的"自己去看"。彼时并没有科学要无涉价值的论调。这种思想是后来慢慢沉淀下来，加诸科学之上的。

如今的正统科学不仅想要摆脱价值，还试着摆脱情感。用年轻人的话来说，它想要变得"酷"。疏离、客观、精确、严谨、量化、简约、合法等基本概念，都在高声控诉情感，尤其是强烈的情感，将其贬黜为认知的“污染物”。但是，此论调中有个想当然的预设，即“酷”的感知、中立的思考是发现任何科学真理的绝佳手段。事实上，许多科学家甚至都意识不到其他认知模式的存在。这种二分法一并导致了科学的去圣化（desacralizing），一切超验体验都被驱逐出了体面的已知和可知领域，整座科学大厦再也没有敬畏、遐思、神秘、狂喜、美与巅峰体验的位置。

科学中的价值

“比方说，一个心理学家将某人的思考方式定性为偏执的……却对他行为的价值不予置评。另一方面，哲学家的任务是做价值判断，判定偏执的思考方式究竟是好是坏、是否符合实际、是否值得欲求……这就使得哲学与其他所有科学划清了界限。哲学家做价值判断。他们说一个人，一个人的行为或品格是好是坏、正确还是错误、美好还是丑陋，这恰恰反映了柏拉图对哲学的定义——哲学是对真、善、美的探索。科学家们忍住不做价值判断，因为他们（正确地）认为这是不科学的……只有哲学关乎价值，科学负责尽可能精确地描述事实……”①

这样的表述当然过于简单、粗暴了，需要加以限定。

---

① W. 萨卡基安与 M. 萨卡基安（W. Sahakian, and M. Sahakian），《哲学的领域》（*Realms of Philosophy*）（Schenkman Publishing Co., 1965），pp.3，4.（原注）

我们必须做出更细致的区分，即使（我怀疑艺术家们不会买账）这番话的中心思想——一般来说，科学家比非科学从业者更远离价值判断，或许也比非科学从业者更关心描述现象——是可取的。

首先，科学从古至今的发展道路本身就是由选择、偏好和厚此薄彼铺就的。科学研究需要好品位、判断力和鉴赏水平，几乎无异于赌博。任何科学家都不只是相机镜头或录音机。他不会不加辨析地胡乱行事，不会来者不拒、不识进退。他专注于自己认为重要或有趣的问题，追求优雅或美妙的解决方案。他做漂亮的实验，比起混乱、马虎的结果，他想要的是简洁而清楚的。

此处的评价、选择、偏爱等关乎价值的语汇，不仅意味着科学家的策略、手段有优劣之分，更表明他们的诸种动机、目标之中，有一些比另一些更值得欲求。波兰尼有力地表明了科学家无时无刻不是个赌徒兼鉴赏家，从始至终都表现出或好或坏的品位，时而仅凭信仰纵身一跃；科学家是一个有意愿和责任的人、一个积极的施动者，他主动选择一些，拒绝另一些。优秀的科学家（相较于普普通通、差强人意的那些）更是如此。也就是说，最受同行、历史学家和我们敬仰爱戴的那些科学家，即便智力并不占优，也必定拥有优于常人的品位、判断力和可靠的直觉，并且敢于信赖自己的直觉。此外，他们还有灵敏的嗅觉，能够赏识一个好问题，设计出优雅的检验方案，再以某种方式得出优雅、简洁、正确且确凿的结论。差劲的科学家则看不出哪些问题切中要害，哪些无关紧要，不明白优秀和糟糕的技法、优雅和粗劣的展示之间究竟有何区别。简言之，他不懂如何做价值判断，既没有好品位，也没有敏锐的直觉。就算被直觉击中，他也会惊慌失措，赶紧把直觉丢在一边。

我之前的论述是想表明，选择必然依据一定的原则，而这些原则本身便关乎价值。但是，还有一点更显而易见，那就是整座科学大厦的建造以“真”为标尺。科学的全部意义就在于求真。科学家们认为真理有内在的价值，本身就是美好的、值得拥有的。更不消说，真理一直被算作终极价值之一。总而言之，科学为一种价值而服务，所有科学家也为这种价值服务。

更进一步，我还想在此援引其他价值，因为完备而终极的“真”似乎只有在与其他终极价值的关系中才能得到确切的定义。意思是说，真理的终极目标还包括美好、善良、简单、整全、完满、统一、独特、必然、公正、有序、轻松、自足、决定性，还得是充满生机、引人愉悦的。欠缺了任何一点，就无法被称为不折不扣的真理。

不过，说科学是价值无涉的或不是价值无涉的，还可以传达别的意思，触及其他问题。对于心理学家们而言，其中一个问题已经不必争辩了。通过研究揭示人们持有怎样的价值，当然是可能的。比如，奥尔波特—弗依—林德西（Allport-Vernon-Lindzey）价值测试就可粗略地表明某人的价值观；比如，是否把宗教价值看得比政治、审美价值更重。另一类相对隐晦但同样确凿的例子是，比如，我们可以把许多对猴子食物偏好的研究看作对动物价值体系的描述。各个领域的自由选择、自主选择实验亦然。在一种特殊而实用的意义上，任何选择、偏好实验都可被视为对工具价值或终极价值的研究。

真正紧要的问题是科学能够发现人们应当据以为生的价值吗？我认为答案是肯定的，我也已经在很多地方尽可能旁征博引以佐证我的观点。我认为积累的证据已经够充分了，但可能还无法说服持怀疑态度的人。因此，不妨将其表述为一个纲领性的论题，它貌似合乎理据，因而不容忽视，但同时我也承认证据还不够确凿，无法以颠扑不破的事实面貌示人。

我援引的第一类数据是精神动力学领域弗洛伊德以降至今积累的大量证据。在绝大多数治疗中，我们致力于揭示患者的同一性身份（identity），或称真实自我。我倾向于把这些治疗都称作“展露治疗”或“道家治疗”，以强调它们的目的是揭露（相对于建构）被坏习惯、错误观念、神经质化（neuroticizing）等蒙蔽的最深层自我。这些治疗不约而同地表明，真实自我部分是由需求、愿望、冲动及本能般的欲望构成的。如此种种都可统称为需求，因为一旦得不到满足，它们都会导致精神病态。历史上，这一发现顺序是颠倒过来的。弗洛伊德、阿德勒、荣格等人都试图追溯成年人身上神经症的源头，并殊途同归，发现这些患者在人生早期阶段，生理方面的强烈需要都被违逆或忽视了。神经质本质上似乎是一种缺乏症，就像营养学家正在研究的营养缺乏一样。通过逆向重建人的生理机制，营养学家们现在终于可以说“我们需要维生素 B2”。基于类似的数据，精神病学家也可以说，我们有被爱和感到安全的需求。

正是这些本质上“似本能”（instinctoid）的需求也可被看作内生（built-in）价值——这些价值不仅是生物体欲求并寻找的，更是对生物体有益且必需的。我们在自我发现的心理治疗过程中找到、揭示（uncover）[或许说“恢复”（recover）更确切]的也正是这些价值。此外，鉴于这类治疗与自我发现的技法是我们目前揭示这些特定类型的数据的最佳方法，它们也应被视作一类认知工具或科学方法。

至少在这一意义上，我坚称宽泛意义上的科学能够发现（也确实发现了）人类的价值为何，人类需要什么才能避免病痛并过上良好快乐的生活，什么对人有好处、什么对人有坏处。在医学、生物科学领域已有许多发现似乎正属于此类，但我们还需要仔细甄别。诚然，健康的人发于其最深层的内在本性所选择、偏好、珍视之物，往往的确对他有好处。另一方面，虽然医生们确信阿司匹林对头痛有好处，但我们却不是生来就渴望阿司匹林的，我们也非生来就渴望爱与尊重。

作为价值体系的科学

拉尔夫·埃利森[①]（Ralph Ellison）在一次采访中论及自己的作品：“当我决心献身小说创作时，我感觉自己担负

① 拉尔夫·埃利森（Ralph Ellison，1914—1994），美国著名非裔作家，著有小说《隐形人》（*Invisible Man*）等。

起了从世世代代美国小说家那里承袭来的一大责任：从千姿万态的美国生活经历中采撷最为我熟悉的一页，描写给所有人看，因此我不仅可以为文学大厦添砖加瓦，更可以出一分力把我们的文化塑造成我想要的样子。这样说来，写美国小说就是征服边疆。写作不仅是在描述我们的体验，更是在创造体验”[①]。

这段话不仅阐明了小说家的动机，也使我们得以一窥多谋善虑的科学家的内心处境。毋庸置疑，科学家的一项主要工作，甚至可以说是一切科学工作的前提条件，便是将世界的一部分描述给所有人看，并为科学大厦添砖加瓦。在这个阶段，科学家根本不会问“为什么”。科学家做研究，不过是因为他喜欢，因为这很有趣，因为这是件让人愉悦或激动的事，或者因为这份工作比开货车更舒适，也更有利可图。至此，他享受这项事业的原因，归根结底不过是享受本身，更不要说他能以此养活自己和家人了。就算人们不明白他在干什么、为什么要干这件事，也无可置喙。

可是，若是止步于此，我们便无法将科学家与其他因为享受本身而享受工作的人区分开来。毕竟，一位职业桥牌手、集邮者、电视播报员或模特也可以维持生计并乐在其中。

科学家不仅要试着向支持与保护他的社会证明自己的使命何以是正当的，还要试着向朋友、家人和自己证明。

---

① 《工作中的作家们：第二册》(*Writers At Work: Second Series*) (Viking, 1963)，p.344. (原注)

他往往不满足于以纵欲享乐来解释自己的使命。他感觉科学研究的价值超越了一己私利，并苦苦寻觅其理据，虽然他往往拙于表达。于他人，于社会，于全人类，科学都有其内在价值。另外，不少科学家会说，他们也在努力把他们的文化塑造成他们想要的样子，他们是乌托邦主义者。他们怀揣着自认为有内在价值的目标，并在工作中向这个目标努力。（当然，并非所有科学家都如此。）也就是说，他们效忠于一项远高于个人的事业。他们不只是在谋求私利。

此外还有一层意义上，科学与科学家不是价值无涉的。科学家们的确认为自己的工作和做电视广告是不同的。他们的确感觉自己品格更高尚，人生更有价值。他们的确认为自己的生活要比模特之类的美满。科学既有工具性的意义，又有内在价值。科学本身就是好的，是因为它创造了更多的真、善、美、秩序、法则、完满、统一等，为这番令人敬畏的光荣事业出一分力，当然是一种荣耀。科学对其他事物也是（或可以是）好的，是因为它减少了疾病与痛苦，让人们从繁重的工作中解脱出来，让生命更持久、丰富、完满，且（在原则上）可以升华人性。

为了说服各式各样的听众，我们需要援引不同的理据来辩解，而辩解的层次当然要与听众的知识水平、精神高度相匹配。但是不管怎样，理据总是找得到的，因为科学作为一项人类事业、一种社会机构，总有其目标目的、伦理道德——一言蔽之，科学自有价值。布罗诺夫斯基（Bronowski）已经论述得很明确了。

第 十 三 章

知识的阶段、层次与程度

我在本书第八章论称，改善自我知识能使我们成为更好的知者。这一论断从未在任何通常的意义上得以证明，那我凭什么这样说呢？

我的依据是成千上万次的临床经验，包括病人与心理治疗师一对一交流的记录，也包括治疗师的个人汇报。依照常理，这种经验即便不太可靠，但也算得上是知识。毋庸置疑，如果我们能通过精巧缜密的实验表明，相对健康的科学家或经过精神分析治疗的科学家等，比不太健康的科学家具有统计上显著的优越性，我们便能更加确信这一真理。此类数据比起临床经验要可靠得多。可是，在缺乏此类实验的情况下，倘若我们能够清楚地意识到数据所担保的信度（degree of confidence）有多少，并坦诚地告知彼此，我们难道不够实事求是、不够科学吗？

知识是有程度之分的。任何知识积累、可靠性的渐增都聊胜于无。前进一步总比原地踏步要好，前进两步又比一步要好。无论是泛泛而谈，还是仅就可靠性而言，这都不是一个非全即无（all-or-none）的问题。没有一条明晰的海岸线能将知识的陆地与非知识的海洋截然分开。

有些人会坚称科学知识是且必定是清楚明晰、斩钉截铁、说一不二的，是可展现、可重复、可传达、可言表的，是有逻辑、有理性、浮于意识表面的。亏缺了任何一点，知识便不是科学知识，而是某种不同的知识。可这样一来，我们又该如何看待知识的初级阶段、终极形式的先驱，这些我们都多少啜饮过的源头呢？

知识发端于一种不适、不安、不满足，一种事情不太对头的感觉。即便无法解释其所以然，我们也能体验这种感觉。也就是说，我们有这样一种感受，硬要表达的话也只能说："我觉得不对劲，但我不知道为什么，有哪里出问题了，但我无法指明。"更麻烦的是，这种感觉可以是完全无意识的，或者只是部分有意识的，我们可能只能在事后回过头辨认出来。

在这一阶段，我们需要处理的只是直觉、猜测、梦境、幻想，还有尚未付于言语的"前思想"。随性而至的联想可能切中肯綮，也可能风马牛不相及。我们可能一觉醒来想到一个答案，但只有测试了才知道对错。此时，无论自言自语还是与他人的交流，往往是模糊、不连贯、自相矛盾、不合逻辑甚至不理性的。或许只能诉诸修辞技巧和或明或暗的比喻。在研究的最初阶段，我们感到存在着一个裂隙，并以诗人的口吻交谈，全然不是一个科学家该有的样子。我们的行为也不像是传统的科学家，而更像是医生、赌徒或老师。

就拿精神分析的语言举例吧。精神分析学家经常用身体现象类比、比拟精神现象，把抽象的说成有形的，把不具人格的说成有人格的，还诉诸宛若神话的实体。要是以业已完成的、优雅的科学作为标准，如此种种简直不堪入耳。可是，关键就在于此——为了将暂且无法以其他任何方式表达出来的直觉的临床感受传递给他人，就不得不如此笨拙地尝试。在知识发展的当前阶段，我们已经竭尽所能了。就算让最优秀的逻辑学家、物理学家、化学家和生物学家来描述（比如）移情、压抑或焦虑的现象特征，他们也做不到更好。这些现象确实存在，成千上万的病人以这样那样的方式体验过、诉说过，成千上万的精神分析师也都见证过。尽管如此，我们依然无法精准地描述它们，甚至无法就使用何种词汇达成共识。

对此，实验室的科学家可能会大加挞伐。但是，无论怎么批判，归根结底都是在控诉这里的知识尚未抵达最终阶段。这就是为什么尚处雏形阶段的知识理应是粗糙、含混的：所有知识都必须经历这一阶段！就我们所知别无他法。我们根本没有选择的余地。①

---

① “……除非学会对始料不及的现象——对那些依据已知之事无法预测的现象敞开心扉，生物学终将丧失生命力。科学的进步不只是由归纳知识、分析知识堆砌而成的。事实情况是，心智充满想象的揣测在先，随后才是证实与分析性的拆解。另外，想象有赖于一种情绪和智性无拘无束的状态；这一自由状态中的心灵完全向世界敞开，无论印象多么丰沛、迷乱、浓烈，都全盘接受。我们必须回退到科学的萌芽时期，尽情感受、瞠目惊叹，而不用在意别人的眼光。波德莱尔有句论艺术的名言，用到科学身上也很恰当：‘天才是重拾的青春。’用大白话说，我认为在绝大多数情况下，先有创造性的科学洞见，然后才是建筑真理的常规实践，两者结合便是科学。

“一方面各个领域的许多实验科学家都曾描述过他们的思想是如何受非分析性的、启示般的感知驱动的。另一方面，科学史也表明大多数具体的科学理论是以粗野不羁的直觉为源头逐步建立起来的。由此观之，从现象中辨认模式、发展新概念的最初步骤类似于艺术家的直感，而不是通常认为的‘科学方法’。”［勒内·迪博（R. Dubos），《理性诸梦》（*The Dreams of Reason*），Columbia University Press, 1961, P122–123.］（原注）

一旦充分理解了这些事实，我们便不会想着和之前提到的批评者进行逻辑争辩了，倒是应该不厌烦地走开，或者好心好意给他们做做精神分析。因为现在我们已经明白，这些批评者对整洁、确切和精准有狂热的需求，无法忍受其匮乏。他们只挑选那些已经满足了这一标准的问题来研究，而他们的批评也许说白了无异于从根子上拒斥这些问题。说不定他们反对的不是你的方法论，而是提出这类特定问题的你本人。

渴求整洁、简约的科学家一般不会头脑发昏跑到偏向个人、人文的问题跟前自讨没趣。这足以表明他们对于整洁的偏爱胜过对人之本性的新认知的偏爱，这也是一种避免处理棘手问题的方式。

知识可靠性的层次

我们习惯于将知识二分为真的或假的、重要的或不重要的、可靠的或不可靠的，但稍加反思就能发现这是不明智的。因为知识的可靠性有程度之分，真假不是非此即彼的，重要性和相关性（pertinence）亦然。

假设我们只知道一个事实，即一枚硬币第一次抛掷的结果是正面朝上，我们就会猜测第二次正面朝上的概率超过 1/2，并相应地下注。原因在于，一则看似微不足道的知识把硬币其实不均匀的可能性稍微提高了一些。奈特·邓拉普（Knight Dunlap）很久以前做过一个实验：他让人们猜测重量有微小差异的两件物体哪个更重，他们的正确率往往高于 50%，尽管他们对自己的判断毫无信心。他们有意识地感受到，自己在凭空乱猜。其他研究者将这一发现拓展到了群体猜测。10 个人组成的群体瞎猜（没有主观的信心）得出的算术平均值，比 5 个人群体的平均值更倾向于接近真实的平均值。

医学的历史，尤其是药学史，也一再表明原始部落的医学信念，比如相信某些草本植物或吼叫有疗愈作用，是值得我们正眼相看的，即便他们的解释很怪异或可被证明为假。即使我们对某些信念的习得过程只有模糊的理解，也可能从中瞥见真理的微光。因此，在医药及其他领域，我们或多或少会信任专家意见，跟从有经验的临床医生的直觉与揣测。在缺乏可靠的事实时，我们不得不退而求其次。

我们跟外科医生、精神病医生、律师等打交道时，都碰到过这种情况。尤其是当我们缺乏完满的知识但又必须做决定时，就只能仰仗专家的经验。不过，波兰尼、诺思罗普、库恩等人还表明科学家们也经常采用类似的策略和技巧。创造型人格的人常宣称，他们在创造过程的早期阶段依赖的是直觉、梦境、盲猜，甚至孤注一掷的冒险。其实，我们不妨将创造型科学家定义为——就像定义创造型数学家那样——一个抵达了知识却又不知道自己如何、为什么抵达的人。他就是感觉这样是对的，然后才展开缜密的研究来检验自己的感觉。至于选择检验这一假说是否明智，选择投身于此问题而非彼问题是否值得，只有事后才能证明。当然，我们可以基于他后来收获的事实来判断他最初的选择是正确的，但他当时是无法用这些事实建立信心的。其实，这些事实是他无根无据地自信的后果，而非原因。如果一个科学家在证据不充分的情况下反倒无往不利，我们就会说他“天赋异禀”。在外行人印象里，真正的科学家总是安安分分、沉默不语，直到弄清楚了事实才如梦方醒。这显然是偏离事实的——至少有天赋的、突破型的科学家不是这样的。波兰尼所言极是，赌徒所表现出的信仰、鉴赏力、勇气、自信和果敢，是那些能够革故鼎新、具有引领性的理论家、研究者的决定性本质属性，而非可有可无、画龙点睛的意外属性。

亦可以用概率论之。大胆、高产的科学家必然不惧怕低概率。哪怕概率再低，他都会认真对待，让这一线微光指引方向。他必须洞察秋毫，并让独见独知引导实践。他起码得把这些概率当成是科学上真实的，并因此值得他作为一个科学家劳神操心。可以合理地认为，一切“原初知识”（protoknowledge）都属于知识的范畴，只要其为真的可能性高于随机。如此使用“知识”一词意味着所有知识构成了一个阶段、层次、程度不一的阶层体系，其中可靠性较低的包括专家的猜测与直觉、基于不充足实例或粗陋方法得出的暂时性结论，等等。这样一来，尽管有些知识很可靠，有些不太可靠，但只要它们不是碰巧为真的，就都属于知识。由此观之，我们可以像医生那样使用“经验的”（empirical）一词，以之描述一个由成千上万的经验组成的原始的“统觉团”（apperceptive mass）①。这些经验包

---

① 德国哲学家、教育学家约翰·赫巴特（Johann Herbart）所创心理概念，指一个人用来理解一个新感觉印象或思想所动用的所有既往经验。

括把某种药物在自己或病人身上试试看，包括尝试性地接受民间疗法，包括对表面合理性的判断，等等。

科学家作为探索者

创始者（the originator）是一个在一定程度上对复杂之物而非简明之物，神秘未知而非已知更感兴趣的人。他所不知之物恰恰是他动力的源泉。一个解法已知的谜团有什么意思呢？他想。已知的谜团根本算不上谜团，让他着迷、促使他行动的是不知道。在他看来，谜团要求他解决，它有强求性质。谜团召唤他，吸引他，诱惑他。

身为一个科学领域的创始者的体验就像在未知的荒野中开疆拓土，蹚过无人涉足的河，行至神秘莫测的山路。他其实不太知道自己要去哪儿。他没有地图，没有先行者，没有向导，没有有经验的人辅以左右，连提示和定位点都难以觅得。他每迈出一步就是在践行一个假说，有时正确，有时错误。

然而，说一个侦察员“犯错”是不妥当的。哪怕他走上一条无人曾涉足的路，发现是个死胡同，这条死胡同再怎么走也不通。通过确证这条路走不通，他已有所收获。若是让他选择在河流的分岔之处左行还是右转，他选择了左行并发现这是条死路，他也不会认为自己的选择是个“错误”。他全然不会有歉疚或悔恨。若是有人责骂他贸然行事，竟做出毫无根据的选择，他是不会虚心认错的。他或许会跟那人说：“按照你的原则和规矩，荒野将永远是荒野；你的原则适用于对已知的再次探索，却不适用于对未知的初次探索。”

简言之，探索者、侦查员所遵循的规矩、原则或法规，与适用于日后定居者有霄壤之别，因为他们的任务不同。能帮助后者达成目标的反倒会束缚前者。不应以从终极知识推演出的标准来评判知识的初级阶段。

经验态度

若是以科学的最高使命与终极技能来定义科学，科学与科学精神就成了绝大多数人无法企及的了。强调科学的技术应用，炫耀最艰深的抽象表达，会让科学看起来比实际上困难得多。人们会把科学当成某些专家的独门秘籍，只有经过严格训练的内行才能驾驭。这种科学观将世界一分为二，一边是科学家的，一边是非科学家的，就相当于在对非科学家说：“这跟你无关！别越界！交给专家吧。相信我们！”

无疑，研究非人对象的科学，也就是我们最古老的科学，已经到了高度抽象的阶段，而且其技术应用只有经职业训练的专家能掌握。（我不会说它是最先进的科学，因为那样蕴含着一种错误的观点，即所有科学可以在某个单一的维度上分级排名。）但同样毋庸置疑的是，心理学、社会科学甚至生命科学目前远不及那样复杂、抽象、技术化，它们还有充足的空间供外行人小试牛刀——还有许多简单的问题有待提出，许多隐蔽的角落有待探查。草创阶段的科学其实并不难。

不过，我的中心论点要更激进。如果我们在定义科学时把最初级、最简单的科学也囊括进去，而非仅局限于最高层、最复杂的那些，那么科学不过就是靠自己考察事物，而不要盲信先验命题或任何形式的权威。我认为这种经验态度正是所有人包括小孩子都需要学习的。自己去看！让我们瞧瞧会怎么样！那个论断正确吗？有多正确？如此种种，我认为，是最基础的科学问题及科学方法。由此可见，比起查阅亚里士多德——或者换个更好的例子，科学课本——自己到后院里亲眼去看才是真正经验的方法，因此也是更科学的。也可见，一个小孩观察蚁冢，或一个家庭主妇通过在地下室试用来比较几款肥皂，都可以是科学的。

经验态度也有程度之分，而不是非全即无的——它不是你在拿到博士学位的那一刻一下子获得，以后便可付诸实践的那种东西。我们能够培养这种态度，一点一滴地改进。与其将这种态度表达为“睁大眼睛、紧贴现实”，毋宁说它就是人性本身的一大决定性特征。帮人们培养经验态度，就是改善他们的认知与知识的一种方式。用精神分析的术语来说，这有助于他们进行“现实测试”（reality testing），将事实与愿望、恐惧区分开来。除此之外，这还有助于提升我称为“精神测试”（psyche testing）的能力，即让人们更真切地认知自己的主观世界。知道自己什么时候在渴望、什么时候在恐惧、它们的对象是什么，是良好生活的先决条件。

一句话：科学家不是一个不同的物种。他们身上的好奇心、对理解事物的欲望乃至需求，其他人也有；他们和其他人一样，想要摆脱盲目，看清这世界，获得更可靠的知识。职业科学家的专业化能力是这些人之常性经过淬炼、登峰造极的产物。每个正常人，甚至每个小孩子，都是一个不成熟的业余科学家，原则上都能磨炼得更老练纯熟。假如你对科学和科学家也持人本主义态度，你一定也会赞成对经验态度祛魅与民主化。

倘若你以超人（transhuman）或超验的视角看待科学和科学家，那你更应该点头称善了。（在任何层次上）获取知识、默思知识、欣赏知识的过程，事实上是审美陶醉、半宗教式狂喜和敬畏以及神秘体验最丰富的源泉。这些情感体验是生活的幸福极乐。正统的去圣化科学出于种种原因力图将这些超验体验驱逐出自己的领地。这种净化不仅无助于保卫科学的纯洁，更不幸剔除了科学中最关切人性的精髓。这样做无异于是在说，科学不需要或不能够为我们所享受。

此种愉悦的体验之所以必要，不仅因为它吸引人们走入科学之门并乐在其中，还因为审美愉悦也可以是认知的信号，就像冲上天空的信号弹那样提示我们发现了重要的东西。巅峰体验是最有可能产生存在认知的场域。只有在这样的时刻，我们才可能把事物的核心实质看得最清楚。

第 十 四 章

科学的去圣化与再圣化[①]

① 这里的“去圣化”（desacralization）指情感或仪式的消除或摧毁，与伊利亚德的用法一致，虽然 S. 约瑟夫·皮克向我指出这在词源学上有些问题。确切地说，“desanctification”应指情感，“desacralization”应指仪式和礼节。我姑且用后者涵盖两种含义。（原注）

一些非科学家——诗人、宗教信徒、艺术家、寻常百姓——对他们所认为的科学心怀恐惧甚至憎恶，这不无道理。他们往往感觉科学对他们眼中的美妙、神圣之物是一种威胁，与一切美丽、崇高、珍贵、引人敬畏之物相敌对。他们时常将科学视作污染物、拆台者、还原剂。它剥夺了生活的色彩与愉悦，强加以虚伪的确定性，使生活凄苦而机械。钻进一个普通高中生的脑子，你就会看到这幅图景。即使我们消除了外行人的一些误解，比如跟他解释清楚科学家不等于技术专家，革命科学家和常态科学家有何区别，科学有物理科学和社会科学之分，等等，他依然可以有一些情有可原的牢骚。就我所知，还没有科学家讨论过他们自己这一“作为防御的去圣化需求”。

在我看来，概言之，科学及一切科学之物都可以且的确常常被用作工具，为一个剥离了色欲、情感与神圣的扭曲、狭隘的世界观服务。这一去圣化可以是一种防御机制，防止人们被洪水般的情绪，尤其是谦逊、敬仰、迷惑、惊奇与敬畏所淹没。

为了将我的意思说得明白些，我想把自己 30 年前在医学院的经历用作例子。虽然当时没意识到，回头看来我能确定，我们的教授几乎是在刻意把我们磨炼成铁石心肠的人，教我们淡淡地面对死亡、痛苦和疾病而不为所动。我见证的第一台手术可谓是这种去圣化工作——去除一切在神圣面前的敬畏、私密、恐惧、羞涩之感，一切在伟大面前的谦逊之感——的典型教材。外科医生用一把电刀通过灼烧将一个女人的乳房切下。医生漫不经心地、淡淡地介绍切割的手法，全然不顾新生们惊慌失措、夺门而逃，最后还把切下来的东西甩了出去，让它扑通一声落在器械台上。那乳房本是神圣之物，现在却只是一堆被弃置的脂肪。没有眼泪和祈祷，当然，也没有任何形式的仪式或礼节。在无文字记载的远古社会中，这是难以想象的。一切都以一种纯粹技术性的做派进行，冷静、无情，甚至带一点自鸣得意的意味。

当我与需要我解剖的逝者“相识”时，也是类似的气氛。根本没有人引见，我得自己弄清楚他姓甚名谁，发现他生前是个伐木工，在一场打斗中遇害。我还得学会像其他人那样把他当成尸体（cadaver），而不是一个需要以礼相待的弃世的人。此外，在生理学课上做完展示和实验后，我也不得不杀掉几只可爱的狗，我必须表现得冷酷无情。

医学院的新生们自发地学会压抑自己的恐惧、同情等柔软的一面，压抑自己对生关死劫的敬畏，即使和惊吓中的病人惺惺相惜也必须忍住眼泪，生怕内心深处的情感如同开闸洪水奔涌而出。因为年纪还轻，他们自我压抑的方式也很不成熟。

显然，他们认为强硬、随意、冷漠和亵渎是对抗恐惧的必要手段，因为情感的温柔面可能动摇外科医生的客观性和大无畏精神。（我倒是经常怀疑这种去圣化是否真的有必要。一种更像神父而不似工程师的态度会不会改善医学训练？想必是有可能的。至少也不该把“软弱”的学生赶出医学院。[①] 此外，这种去圣化还蕴含了情感必然是真理与客观性的敌人这一假设，这是我们不得不打个问号的。情感有时是真理与客观性的敌人，有时不是。）

还有许多情况下，我们可以更清楚地看到去圣化其实是一种防御。我们都认识这样一类人：他们无法忍受推心置腹的诚实与亲密，和朋友走得太近会让他们不安；他们不能爱，也无法被爱。他们一般的解决方案是逃离令人烦扰的亲密关系，逃离这种磨人的美，或者说他们与之疏远，保持一臂距离。但是，还有一种更彻底的方式，那就是把亲密关系开膛破肚，剔除其令人不安的性质，改变其本质。比如，把单纯重新定义为愚蠢，把诚实说成是轻信，把坦诚认作缺少常识，把慷慨冠以笨拙之名。这些特质原本惹人烦扰，现在却可以轻松对付。（切记，我们全然没有办法“对付”尽善尽美之物、光芒万丈的真理以及任何终极的存在价值。我们只能凝视它们，爱慕它们，被它们取悦、逗乐。）

我目前正在进行一项对所谓“反价值”（counter-values，对真、善、美、完满、秩序、活力、独特性等存在价值的恐惧或憎恶）的调研。我发现这些至高价值往往使人们更清晰地意识到自己身上一切与这些价值相对立的东西。许

---

① 或许此类“强硬”训练对外科医生是必要的。这有待商榷。不过对心理治疗师呢？对通过关爱认识他人的人际知者呢？此类训练显然是反心理学的！（原注）

多年轻男子和相貌平平的女孩子在一起时感觉更自在。漂亮姑娘会让他感觉自己脆弱、笨拙、愚蠢、配不上她，仿佛他面对的是一位王室成员甚至神祇。在自尊遍体鳞伤、摇摇欲坠之时，去圣化可以是有效的防御机制。

临床医生也都很熟悉这样一类病例：一些男人无法和优秀、美貌的女子性交，除非先羞辱她一番——或至少让她不再是个“女神”。如果一个男人认为自己在性交中扮演的角色是一个肮脏的侵入者、主导者，他就很难对一个女神、女祭司一般的女性——圣洁、令人敬畏的母亲——实施性行为。所以，他不得不把她从超然于世的圣坛上拽下来，拽到肮脏的俗世——通过（有时以无端施虐的方式）确立自己的主人身份，或者通过提醒自己她也会出汗、排泄，等等。这样一来，他就不再需要敬仰她了；他就从敬畏、敏感、崇拜、渎神或配不上的情感中解脱出来了，不再像个受惊的小男孩一样感觉自己笨拙无能。

不过，还有一种很可能同样常见的现象，精神动力学流派的心理学家却很少研究，那就是男人会被他的女性伴侣符号性阉割（symbolic castration）。已知的是，这至少在我们的社会中非常普遍，但人们往往要么以纯粹社会学的途径加以解释，要么直接把弗洛伊德的理论套上去。还有一种我认为很靠谱的可能解释，即阉割也是对男性去圣化的一种手段——赞西佩（Xanthippe）[①] 也被自己对苏格拉底的敬重与崇拜之情淹没、压垮了，她也需要奋起反抗。

---

① 苏格拉底的妻子，相传是个悍妇。

除此之外，人们常常把扼杀敬畏、惊奇、疑惑的努力误认为解释，而真正的解释需要努力理解，把理解传达给他人，并使解释的对象更丰富。当一个孩子因看见彩虹而兴奋时，大人可能会轻蔑地揭穿："哦，只不过是雨滴像棱镜一样把白光散射出颜色来了。"这里的大人或许自认为高人一等，因而嘲笑孩子的天真，贬低孩子的经验。这很可能导致孩子看见彩虹的经验惨遭废止，孩子将很难再次以原来的方式看见彩虹了，也将不愿公开表达并视之为一件重要的事。这无异于把敬畏与惊异从生活中剥离出去。我发现巅峰体验也是类似的情况。我们可以轻松地消解它（也的确常常这样做）而不用费心去解释它。我有个朋友在手术后长舒一口气、默思冥想之时，经典的启示降临在他身上，强烈、深刻、荡魂摄魄。我深受震撼，并开始思索他的体验会有多么美妙的研究前景。于是我问外科医生，其他病人术后是否也产生了类似的异象。他随意地答道："哦，有的！德美罗[①]啊，你懂的。"

显而易见，此种解释丝毫未能解释体验本身的内容，就像你不能用导火线来解释爆炸的后果那样。这些无能的解释本身也必须得以理解和解释。

各种化约尝试与"只不过是"的轻蔑态度亦然——如，"一个人其实只不过是值24美元的化学元素""亲吻就是两个人的消化道上端贴在一起""你吃到肚子里的东西构成了你这个人""高估你的姑娘和其他所有姑娘之间的差异，这

① 一种止痛药。

就是爱”。我刻意选择了这些青少年男性的例子，因为我认为在这些男性身上，作为防御的去圣化体现得登峰造极。这些努力表现得强硬、“酷”或“成熟”的男性，往往需要与他们的敬畏、谦逊、爱、温柔和同情斗争，防止见证奇迹的感觉不期而至。他们采取的方式是把高贵贬抑为低俗，而后者正是他们自认为身处的领域。理想主义的青少年整天忙活着亵渎万事万物，将它们去圣化，就像“正常”成年人一样，以抵抗心中焚香膜拜的冲动。

拆解过程运用到的一般化、原子论技巧等也可服务于相同目的。当面对一朵美丽的花、一只精美的昆虫或一首绝妙的诗歌时，为了避免惊愕、自卑或无知的感觉，人们可以把它大卸八块，从而重新尝到做主人的滋味。分门别类、笼统归纳、标签化等操作也往往使伟大的事物沦为平凡、世俗、日常的易梳理之物。所有力图避免包罗万象的整全性的抽象都可起到类似的作用。

因此，我们必须问一个问题：是科学或知识的内在本质规定了它们必须被去圣化吗？还是说它们其实可以包含那些神秘的、引人敬畏的、存在愉悦的、荡魂摄魄的事物所寓居的现实领域？假若我们承认这些事物的存在，又该如何知道它们？

外行人常常感觉科学家必然要将生活去圣化，可惜他们多半是想错了。他们误解了最优秀的科学家是以何种态度工作的。尤其鉴于绝大多数科学家羞于表达，这一态度的一体化方面（同时感知神圣的与粗俗的）太容易被忽视了。

事实是，真正优秀的科学家总是满怀着爱意、虔诚与克己地进行工作，仿佛他们正步入教堂的至圣所。他的自我遗忘不啻一种对自我的超越。他真诚不虚的纯粹道德无异于一种宗教态度；而他时不时地狂喜或进入巅峰体验、因敬畏而心旌荡漾，在至高的神秘面前深感自我的渺小与谦逊……如此种种都可被称为是神圣的。这些都是罕有的事，但确有发生，而且有时是在外行人难以辨识的情况下发生的。

诱导科学家们将这种隐秘的态度彰显出来并非难事，但必要条件是，你得假设其存在并严肃地看待。如果科学能够摒弃这一不必要的“温柔禁忌”，人们就不会这般深刻地误解它，而且科学本身也不会产生那么多去圣化与亵渎的需求。

我们也可以从擅长自我实现的健康的人身上学到不少。他们的天花板比常人更高，他们看得更远。因此，他们能以一种更兼收并蓄、化零为整的方式看待事物。他们让我们懂得，谨慎与勇气、行动与默想、严谨与揣测、强硬与柔情、严肃与（奥林匹亚式的）幽默之间并没有真正的对立。如此种种都是人之为人的品质，并对科学有所裨益。在这些人身上并没有否认超验体验之现实性，或视这些体验为非科学甚至反智的需求。换言之，这些人不会感受到否认自身深层情感的需求。依我个人经验，他们反倒非常享受这些体验。

好脾性的科学家

另一类对官方科学与科学家的批判源于这一事实：科学家们往往对自己的抽象成果过度信任，以为其正确性是板上钉钉的事。但是，这一倾向同时表现为幽默感、谦逊与怀疑能力的丧失。这些科学家再也意识不到自己深层次的无知，从而一脚滑入妄自尊大的深渊。若这一批判的矛头指向心理学及社会科学，就尤其具有穿透力。诚然，物理科学的研究者有资格沾沾自炫——他们掌握了物理对象的奥妙，在无生命自然界的探索成果卓著。但是，心理学家有什么可自豪的呢？他们究竟懂得了多少为人关切的道理呢？正统科学在一切人类、社会领域屡战屡败。①（还有一个问题我暂且不详述了，那就是，一些所谓的成功带来了原子弹之类的东西，还被心理上不成熟的人和相对原始的社会强取豪夺去了。当科学的左膀已膂力惊人，社会环境的右臂却不成比例地落后时，这难道不危险吗？

我没弄错的话，劝科学家们戒断“方法崇拜”（methodolatry）之瘾，拒绝养成傲慢自大、咄咄逼人的脾性，想必既是明智的，也是仁厚的——甚至可以说是在最为真切的意义上科学的。能够救赎他们的恩赐正是谦逊、自嘲等特质，正是能够安于不明确，时刻意识到任何事实的集合都可能对应着许多理论，敏锐地体会到语言、抽象乃至科学本身的内在限度，承认经验、事实与描述之于一

---

① 我不是在否认我们对人类、社会已有许多有用的知识，但我坚称其中绝大部分来自非正统的源头，来自人文科学而非机械论的科学。（原注）

切理论的先在性，明白在理论的高空飞久了容易缺氧，需要时不时回到事实的土地上寻根。我还想补充一句，每个科学家的工作成果在很大程度上是由他无意识和前意识中的内容决定的，没有什么比对这些决定因素的体验知识更能够有效地把一个人打磨得虚怀若谷了。好比许多专制的领导人学不会暂时搁置手中的决断，待时机成熟再下定论，一些科学家也无法忍受空气中弥漫着一种实验数据模棱两可、什么都还说不准的气氛。悬而不决的感觉让他们紧张焦虑，导致他们宁愿仓促得出结论——好坏不论，只要是个结论就行，也不愿被困在这个情感炼狱中。更有甚者一旦为某个结论买单，就算面对相矛盾的信息也不愿改变主意。

与之相对，更睿智、更具奥林匹亚精神、更善于自娱自嘲的思考者则能意识到，古往今来科学理论的寿命总是比他们期望中的短促得多。因此，他们或许相信，对牛顿定律绝对忠诚就和为霍亨索伦家族（the Hohenzollerns）[①] 倾肝沥胆一样愚蠢。

此种更为羞怯的态度也有扎实的经验基础作为支持。只要你不脱离具体事实的世界，就不可能否认这个世界的多样性及包含其中的矛盾与含混。你应该能意识到我们对于这个事实世界的知识具有相对性——相对于我们所处的世代与文化，相对于观察者的社会阶级和个性。感觉十拿

---

① 欧洲的三大王朝之一，为勃兰登堡－普鲁士（1415—1918）及德意志帝国（1871—1918）的主要统治家族。

九稳绝不等同于准确无误。①

坦然直面这两组相对立的驱动力，尤其是在有所自觉的情况下，就已经彰显了超凡的勇气乃至崇高精神。这样的科学家会感觉自己从事这番事业，发誓为这些无价的永恒问题奉献青春，实属三生有幸。一方面忠于经验、珍视知识、致力于增进知识，另一方面又充分意识到人类知识的匮乏与不可靠，并非不可能。其中一种方式便是采取疏离态度，如神祇般怀有幽默、亲善的怀疑精神，并懂得嘲讽、忍受和忖度。（以恰当的方式）大笑能让我们一方面不被难以解决的问题压垮，另一方面又保有再接再厉的力量。同时保持谦卑与（足以使人迎难而上的）自豪、高傲和强硬态度容易导致存在危机，幸好有幽默感这帖绝佳的解药。通过这种方式我们才得以同时意识到，关于火箭和抗生素我们知道些什么，关于战争与和平、偏见与贪婪我们不知道什么。

如此种种皆为对何物存在之谜团的沉思，也皆为支撑我们坚持探索、驱散迷雾而不至丧失信心的适度欢愉。即使科学不完美，我们也可以爱科学，就像我们可以爱自己那个不完美的伴侣那样。更不要说，幸运的是，在某些时

---

① “全部科学都只是权宜之计，只是为了一个永远无法达到的目标而采取的手段……一切描述都被推延，直至我们知其全貌，可这时科学本身也百无一用了。不过，我们不假思索地表达出的、由任何自然对象所激发的愉悦则是完满自足的，因为自然界的全部意义就在于人的关切；谁知道这些无意识的笃信能多接近绝对真理？……倘使我们要对不可解的视而不见，我们也就没什么可看的了。可由一个人的理解所度量的东西寥寥无几。”（梭罗）（原注）

刻它（他们）完美的一面会不期而至，让你一边受之有愧，一边激动得忘了呼吸。

这样的态度还有助于我们超越其他一些问题。其中一个重要问题是，有些人不自知地认为科学就是业已完整的知识。我常常见到物理学家之类的科学家讥笑心理学家，说他们知道的很少，而且他们的知识不是高度抽象化、数学化的。“你把那玩意儿叫作科学？”他们问道。言下之意是，科学是知道而非提问。这就像后方指挥官嘲笑前线战士污手垢面，就像坐享遗产的公子哥瞧不起挥洒汗水的工人。心理学家们知道在科学领域，何人值得受到尊重有两种排序方式（而非一种）。一种是根据知识的系统化程度加以排序，另一种是根据科学家力求攻克的问题的重要性加以排序。咬着牙将人类命运扛在肩上的，恰恰是那些选择与悬而未决且与人性息息相关的重要问题斗争的科学家。

天真的惊异、科学与成熟的惊异

绝大多数对科学的定义，尤其是非科学家做出的那些，归根结底是不准确的。科学太过频繁地被呈现为一种功能上自主且无法为外人所理解的事业。比如，假若你把科学称为“一个不断增长的信息库”抑或“一个操作上定义的概念系统”，外行人或许根本想不通为什么有人会毕生致力于这种无聊的目标。诸如此类对科学工作的最终产物或科学之为社会机构的描述，乃至任何聚焦于科学而非科学家的言论，都倾向于忽略科学家生活中所有的乐趣、激情、激奋、成就与失落，遗漏情感与意欲的方面，更不消说那些“美学”“宗教”或“哲学”的体验了。这就好比阅读象棋的规则与历史，研究一盘盘棋局，最终可能依然无法对“人们为什么下象棋”这个问题给出任何答案。如果你对棋手内心的情感、动机与满足一无所知，他们将永远是费解的，正如不赌博的人终究弄不懂赌徒的心态。

我认为让非科学家理解科学家的目标和满足，从而在一定程度上体悟科学家的生活是可能的。毕竟这些满足是心理上真实存在的，且多多少少为所有人共享。

在研究巅峰体验时，我认识到虽然触发体验的契机形形色色，但是这些体验本身多有类似。比如，自从我发现女性对她们至高愉悦时刻的描述和男性差不多——即使那些“点燃”她们的情境难以拨响男人的心弦——我感觉自己跟女性亲近多了。仅讨论个体科学家的内在体验的话，他们的巅峰体验和诗人被诗歌“点燃”时的感受如出一辙。就我个人而言，虽然我很少从诗歌中得到诗意体验，我倒是从自己和他人的科研工作中收获了不少。类似地，科学期刊比起“圣书”给我带来更多“宗教”体验。给予我那种有所创造、有所突破的兴奋感的，是我的实验、钻研和理论工作，而非作画、谱曲或舞蹈。对一些人来说，选择科学便是选择与他的所爱共度余生，与让他着迷的奥妙缔结难解。

然而，顺着这个类比说下去，你可能为某个主题上下求索 50 年，知道得越来越多，同时却又愈发不堪其神秘莫测，最终决定不再纠结于真理而仅以之作为消遣。当然，这是一种充实过的、更高的神秘与惊异，不同于无知者的疑云满腹。随着你知道得越来越多，你的迷惑感也越来越强烈，这两种过程似乎是相辅相依的。至少，我们的榜样和智者、最优秀的科学家、那些心智健全而没有变成偏瘫的专家大抵如此。也正是这些科学家能够为诗人所理解，并能够因此视诗人为志同道合的伙伴。正如劳伦斯·达雷尔（L. Durrell）① 所言，科学可以是“智性的诗歌”。如此探索优秀科学家秘密的内心生活可以为某种打破壁垒的运动奠定基础，促使科学家、艺术家、信教人士、人本主义者等有严肃学术兴趣的人通力协作。

许多人依然认为科学研究、缜密的知识是神秘感的对立面，是其否定。② 其实不必如此。研究神秘之物不一定是在亵渎它。事实上，加以钻研反倒是通往更深刻的理解与尊重、更为充实的神圣化的最佳途径。别忘了，最智慧的人往往也是最简单、最谦逊、最愉悦的人。

---

① 英国小说家、诗人。

② 当我听那渊博的天文学家说话
当证明、数据在我眼前井然有序
当表格、图例在我眼前，邀我计算、测定
当我坐在演讲厅，听天文学家博得一片掌声雷动
须臾我便莫名地倦了、受够了
于是我起身溜出去
在神秘、濡湿的夜色中，时不时
沉吟不语、仰望星空

——沃尔特·惠特曼（原注）